Baobao Duannai Yizhi Meishi

宝宝断奶益智美食

范海/编著

中国人口出版社
China Population Publishing House
全国百佳出版单位

图书在版编目(CIP)数据

宝宝断奶益智美食／范海编著. —北京：中国人口出版社，2013.7
(妈妈宝宝系列)
ISBN 978–7–5101–1846–3

Ⅰ.①宝… Ⅱ.①范… Ⅲ.①婴幼儿—食谱 Ⅳ.①TS972.162

中国版本图书馆CIP数据核字(2013) 第155054号

宝宝断奶益智美食 范海 编著

出版发行	中国人口出版社
印　　刷	小森印刷（北京）有限公司
开　　本	889毫米×1194毫米 1/24
印　　张	4
字　　数	100千
版　　次	2013年8月第1版
印　　次	2013年8月第1次印刷
书　　号	ISBN 978–7–5101–1846–3
定　　价	15.80元

社　　长	陶庆军
网　　址	www.rkcbs.net
电子信箱	rkcbs@126.com
电　　话	(010) 83534662
传　　真	(010) 83515922
地　　址	北京市西城区广安门南街80号中加大厦
邮政编码	100054

目 录
CONTENTS

目录
CONTENTS

目录
CONTENTS

Part3 完全断奶，让宝宝习惯一日三餐

Part 1

准备断奶，开始辅食添加

宝宝辅食添加4大原则

　　宝宝到了4~6个月，可以开始喂食辅食。除了因为宝宝的肠胃逐渐发展成熟、身体需要摄取更多营养之外，辅食亦可帮助宝宝练习咀嚼能力，有助口腔肌肉的发展。

　　当宝宝4个月大之后，开始对大人吃的食物表现出兴趣、会伸手想拿食物吃时，就是可以开始尝试喂宝宝辅食的时机，但辅食的添加和喂食需要循序渐进。以下是一些重要原则，可供爸妈参考：

循序渐进、慢慢增加

　　由于母乳营养丰富，因此1岁以前的宝宝会鼓励以母乳为主食。当家长开始尝试喂食宝宝辅食时，可以一天中先吃1~2次，再视宝宝的接受度、是否能吞咽，及宝宝的排便状况，慢慢提高辅食的比例；并且从液体开始，逐渐增浓至半流质、糊状、半固体(泥状)、固体(块状、碎状)。

　　种类方面，营养师建议家长每次尝试一种食物(不要一下子就将很多食物混在一起)，一星期试一种，以便观察宝宝是否会对某种食物产生过敏现象；并且先从少量(如一汤匙)开始，再视宝宝状况慢慢加量和增加浓度。

自制辅食最安心

　　虽然现在市面上有许多宝宝辅食可供选择，但营养师还是建议家长尽量自己做辅食最好，因为使用的食材最天然、新鲜，又比较容易观察宝宝是否会对某种食材过敏；但营养师提醒家长制作时，务必要将食物煮熟，并注意卫生。另外，烹煮时不要加任何调味料，最好等宝宝1岁之后再酌量调味。

　　坊间的辅食和营养品是忙碌妈妈的好帮手。不过在选购时，家长务必注意以下事项，为宝宝健康把关。

★选择适合宝宝年龄的辅食。

★过敏体质的宝宝可选用低过敏的产品。

★选用有国家卫生相关单位合格认证的产品。

★最好不要额外添加调味料。

★注意产品包装或外观是否完整，因为破损或凹陷的产品，其品质可能受到影响。

★保存期限也是选购食品时务必注意的地方，不要漏掉！

过敏体质，食材要慎选

有过敏体质的宝宝，最好在6个月之后再开始尝试辅食，而且先从米糊开始(麦类较易引发过敏)，并要避免坚果类、黄豆类、甲壳类海鲜等食物。上述这些食物最好等1岁多以后再慢慢尝试。

用餐气氛很重要

很多家长最害怕的梦魇之一就是追着宝宝喂食物，一顿饭吃2个小时！营养师表示，其实只要能让宝宝"喜欢"吃饭，宝宝自然就会乖乖坐好吃完，家长就不用到处追着宝宝跑！

那么如何能让宝宝"喜欢"吃饭呢？除了食物本身的美味可口之外，营养师特别强调用餐的气氛很重要。以下是一些喂食小技巧，供爸妈参考：

★可以在喂宝宝吃饭时放些轻柔的音乐，让宝宝感觉吃饭是很愉快的一件事。

★可用不同颜色、形状的宝宝专用餐具来吸引宝宝注意，也可以让宝宝先握住餐具，玩一下、舔一舔，这样可以让宝宝慢慢适应使用餐具来吃饭。

★家长的喂食态度要放轻松，别要求宝宝非吃完不可(要按照宝宝状况来调整饭量)。

★家长要多一点耐心，慢慢尝试，别因为宝宝拒绝某种食物就放弃给宝宝喂食，可以隔几天之后再尝试喂食看看，或是改用别的烹调方式。

营养师小叮咛

• 蛋白、蜂蜜、酸奶等食品，建议等宝宝1岁多以后再慢慢尝试。

• 辅食一定要煮熟才能给宝宝吃，喂食时要注意食物温度，以免烫着宝宝。

• 宝宝打预防针或生病时，不要给他尝试没吃过的辅食或食物，因为此时宝宝的身体状况和对新食物的接受度较差。

• 给宝宝喂食时，家长要先多赞美、鼓励宝宝，让他觉得吃东西是很愉快的一件事。

• 宝宝的好奇心及参与感很重，所以不要只给他吃单纯的白饭，可以添加一些宝宝喜爱的食材（如玉米、青豆、胡萝卜）来做炒饭或饭团，既好看又好吃。

蔬果选购、清洗与烹制攻略

如何让宝宝吃得健康又安心，是每个家长都关心的问题。自制食品如何做得健康又美味？从选购、清洗，到烹调方法，下面告诉你让宝宝吃得安全的最大秘诀。

挑选蔬果有诀窍

面对琳琅满目的蔬菜和水果，给宝宝吃什么比较好？如何挑选蔬果？买回家的蔬果怎样保存？这些困扰爸爸妈妈的问题，让我们来听听专家怎么说。

当季蔬果优点：吃在地，吃当季

购买蔬果的第一条就是买在当季。当季盛产的蔬菜与水果质量佳，价格也较低，非常适合主妇们选购，既可省钱，又可买到新鲜营养的食材。此外，当季蔬果因其生长条件合适，产品的质量优良，在药物的使用量上少，较无食品的贮存问题，相对于非当季的蔬果，食材安全性高。当季盛产的食材也最适合当季的养生条件，例如夏天属火，天气较干燥也炎热，就宜食用当季盛产的瓜类食物（例西瓜、瓠瓜、丝瓜等）。

蔬果的选择：新鲜、外形、重量

在选购蔬果时，应选择大小适中，蔬果外皮色泽深浓均匀，新鲜水灵的蔬果。有些消费者会十分介意蔬果外皮有虫咬的痕迹，事实上，稍有虫咬或不完美应无妨。除了外观上，蔬果的重量与质地，也是需要考虑的一环。选购时选择饱满、熟度适中的蔬果，尽量不要买过熟或因天气因素造成的水伤或抢摘的蔬果，这类蔬果较不利贮存，需尽早食用，以免变质。

采买多样化

采买的原则是尽量多样化，叶菜、瓜果、菇草、海藻及各类水果，应多种互相搭配，依照用餐人数适量选购，选用适当的存放方式，让食材能够在新鲜的情况下让家人享用。让宝宝从小养成多样摄取的好习惯，既吃得健康，也可避免挑食！

保存的秘诀：分类与冷藏

蔬果购回保存前，应先将蔬果外的污垢、残枝败叶去除，先放置室外半天，让可能留在蔬果上的残余农药等化学物挥发。放置半天后再以透孔塑料袋包裹，放入冰箱或阴凉处贮藏。有些主妇会习惯把买回来的蔬菜先进行清洗，但需注意，清洗后的蔬果放入塑料袋，容易使食物闷坏且切割面容易腐败与发黄，可以装入保鲜盒中放入冰箱冷藏。食用顺序应以不耐贮放者优先食用，叶菜类2~3天须食用完，豆荚类可保存3~4天。有些蔬菜（如黄瓜、南瓜、茄子、甜椒等）的贮藏适温高于冰箱温度，这类蔬菜贮放时最好多包两层纸再放入冰箱，且不宜贮放于冰箱太久。至于红薯、芋头、姜，则只要置于通风阴凉处即可。

蔬果清洗的方法

实验表明，用自来水将蔬菜浸泡10~60分钟后再稍加搓洗，可除去15%~60%的农药残留。不过，对于茄子、青椒和水果等表面有蜡质的果蔬，最好先泡后洗。也可以用淡盐水或头一两次的淘米水浸泡，前者能让农药快速溶解，后者可中和农药毒性，但不要浸泡太长时间。此外，蔬果在阳光下照射5分钟，有机氯、有机汞农药的残留量可减少60%左右。高温加热也可以使农药分解，比如用开水烫。一些耐热的蔬菜，如菜花、豆角、芹菜等，洗干净后再用开水烫几分钟，可以使农药残留下降30%，再经高温烹炒，就可以清除90%的农药。

蔬果去皮可以减少农药残留。黄瓜、茄子等农药用得多的蔬菜和大部分水果，最好去皮吃。吃苹果最好少吃果核周围的部分，因为果核的缝隙会导致农药渗入。

果蔬清洗剂中含有的石化成分，在蔬果上残留导致的危害性可能比农药残留还严重，而且它并不能对所有农药都起到清洗去除作用，而且还会造成果蔬再次污染。果蔬解毒机使用臭氧水消除蔬果表面的农药，它更多的是起到杀菌作用，对有些农药的化学结构很难破坏。

蔬果烹调与食用原则

蔬菜在烹煮时以水煮为主，不需特别去调味，如怕味道太淡可加入少量的盐。因婴幼儿1岁内肠道功能尚未发展健全，消化酶功能不足，对油脂的耐受性较低，故对脂肪消化比较慢。建议一开始以水煮为主，之后利用蛋黄、少油肉汤逐量尝试，确认适应良好，再慢慢给宝宝脂肪类的食品与调味。水果的部分，建议一次给宝宝一种水果，可连续尝试两天，观察宝宝排便和皮肤状况，看是否有过敏现象，再尝试另一种。宝宝食用时仍以少量为原则。

Q 请问宝宝开始吃辅食之后，会不会容易便秘？我家女儿喝了果汁或吃蔬菜之后，就很容易便秘，请问该怎么办？

A 宝宝吃了辅食之后，是否容易引起便秘因人而异。通常有便秘体质的孩子，在刚开始接触辅食的时候可能会有短暂性的便秘问题，但随着宝宝吃的辅食种类越来越多，爸妈可以用更多样性的蔬果来喂食宝宝，其中纤维质高的蔬菜水果包括豆角、菜花、卷心菜、油菜、柑橘、木瓜、水梨、葡萄、李子、桃子等，都可以帮助宝宝改善便秘的症状。青菜可以水煮，然后再用果汁机打烂来喂食宝宝，而水果弄成果泥或果汁都可以。相信总有一天宝宝的便秘情形会改善的。另外提醒您，有一些水果对便秘的帮助其实不大，如香蕉、番石榴、苹果等。

有一些医学文献也证实益生菌可以改善便秘的状况，所以可以给宝宝试着喂食益生菌，改善胃肠道环境进而让排便顺畅，不过一定要在医生指导下给宝宝服用。

4~6个月宝宝辅食

宝宝辅食添加顺序与作用表

月龄	添加的辅食种类	供给的营养素和作用
2~3	鱼肝油（晒太阳等户外活动）	维生素A、维生素D(促进视觉、神经系统发育)
4~6	米粉糊、麦粉糊、粥汁等淀粉类食物	能量（刺激触觉，训练吞咽功能）
	蛋黄、无刺鱼泥、动物血、肝泥、豆腐脑或嫩豆腐	蛋白质、铁、锌、钙、B族维生素（刺激味觉、视觉、嗅觉）
	叶菜汁（先）、果汁（后）、叶菜泥、水果泥	维生素C、矿物质、纤维素（刺激味觉、视觉、嗅觉）
	鱼肝油（户外活动）	维生素A、维生素D
7~9	稀粥、烂饭、饼干、面包、馒头等	能量（训练咀嚼，促进出牙）
	无刺鱼、全蛋、肝泥、动物血、碎肉末、豆制品、豆浆	蛋白质、铁、锌、钙等矿物质，B族维生素（促进神经系统发育，刺激触觉、味觉、视觉、嗅觉）
	蔬菜泥、水果泥、青菜粥等	维生素C、矿物质、纤维素（同时促进消化液产生和分泌）
	鱼肝油（户外活动）	维生素A、维生素D
10~12	稠粥、烂饭、饼干、面条、面包、馒头等	能量（训练咀嚼功能，有助于断奶），微加适量，代替1~2次母乳
	无刺鱼、全蛋、肝、动物血、碎肉末、较大婴儿奶粉或全脂牛奶、黄豆制品	蛋白质、铁、锌、钙等矿物质，B族维生素
	鱼肝油（户外活动）	维生素A、维生素D
1岁后	质地松软、营养密度高的饭菜	

可以从4个月龄时开始逐渐添加米汤、菜汁和果汁、泥糊状食物（如米糊、果泥、菜泥、蛋黄泥、鱼肉泥等）；

7~9个月龄时可由泥糊状食物逐渐过渡到可咀嚼的软烂固体食物（如软烂的面条、菜末、全蛋、肉末等）；

10~12个月龄时，大多数宝宝可逐渐转为进食以固体食物为主的膳食。

大米汤

补充B族维生素

原料 大米50克。

做法

❶ 将大米洗净，用清水浸泡3个小时。

❷ 将大米放入锅中，加入2杯水煮，小火煮至水减半时关火。

❸ 将煮好的米粥过滤，只留米汤，微温时即可给宝宝喂食。

做法支招：米粒煮至开花最合适，熬出来的米汤最有营养。

米汤性味甘平，有益气、养阴、润燥的功效

小米汤

原料 小米30克。

做法

① 小米洗净后浸泡，再入锅加水，小火煲粥至水量减半，关火。

② 将煮好的米粥过滤留米汤。

营养小典： 因宝宝脾胃弱，各种机能还不健全，因此容易脾胃失调，消化吸收不好，喝米汤有利于宝宝的消化吸收。粥熬好后，上面浮着一层细腻、黏稠、形如膏油的白色物质，中医称为米油，俗称粥油(不是粥皮)。粥油是米汤的精华，可滋阴长力，促进婴幼儿发育。

安 眠

青菜水

原料 青菜50克。

做法

① 将青菜洗净后浸泡1小时，然后捞出切碎。

② 锅内加一小碗清水，煮沸后将菜放入，盖紧锅盖再煮5分钟，待温度适宜时去菜渣即可。

营养小典： 菜汤淡绿色，有清香，含有较多维生素C。它可是绝对安全的食物，不用担心宝宝过敏。妈妈在调制这款菜汤时应注意，菜汤应随煮随用，以免久放使维生素C失效。

补充维生素C

胡萝卜汤

原料 胡萝卜50克。

做法

① 将胡萝卜洗净，切成丁。

② 汤锅置火上，放入胡萝卜丁，加适量清水煮约20分钟，至熟烂。

③ 用清洁的纱布过滤去渣，留汤喂食宝宝即可。

做法支招：适用4个月大的宝宝食用，每次饮用1~2勺。也可榨汁，但要兑水后再给宝宝喂食。

补充维生素A

菠菜汁

原料 菠菜30克。

做法

① 菠菜切除根部后剥开，用清水彻底洗净，用开水焯烫后切小段备用。

② 锅置火上，加适量水煮沸，放入菠菜，煮约1分钟后熄火，捞出放进消毒过的纱布里，用力拧纱布，滤出菠菜汁即可。

营养小典：菠菜中含有大量的β-胡萝卜素和铁，也是维生素B$_6$、叶酸、铁和钾的极佳来源，可以预防宝宝缺铁性贫血。

预防贫血

山楂水

原料 山楂20克。

做法

① 将新鲜山楂用清水洗净后放入锅内，加水煮沸,再用小火煮15分钟,然后将山楂去皮、核。

② 将山楂水倒入杯中，待温后即可饮用。

营养小典：酸甜可口，有健胃消食、生津止渴的功效，对增进宝宝食欲大有益处。

香蕉甜橙汁

原料 香蕉50克，甜橙30克。

做法

① 甜橙去皮，切成小块。

② 将甜橙块放入榨汁机中，加适量清水榨成汁，再将甜橙汁倒入小碗里。

③ 香蕉去皮,用铁汤勺刮泥置入甜橙汁中即可。

做法支招：妈妈在给宝宝做香蕉美食时要特别留意，蕉柄不要泛黑，如出现枯干皱缩现象，很可能已开始腐坏，不可给宝宝食用。

开胃

补充维生素A

橘子汁

原料 橘子100克。

做法

① 将橘子去皮洗净，切成两半。

② 将每半个橘子分别置于挤汁器盘上旋转几次，果汁即可流入槽内，过滤后即可给宝宝喂食。

做法支招：每个橘子约得果汁40毫升，饮用时可加1倍水。

苹果汁

原料 苹果100克。

做法

① 将苹果削去皮和核，用擦菜板擦成丝。

② 用干净纱布包住苹果丝挤出汁即可。

营养小典：苹果汁分为熟制和生制两种，熟制即将苹果煮熟后过滤出汁。熟苹果汁适合胃肠道弱、消化不良的宝宝，生苹果汁适合消化功能好、大便正常的宝宝。

补充维生素

补充维生素

雪梨汁

原料 雪梨100克。

做法

① 将雪梨洗净，去皮，去核，切成小块。

② 将雪梨放入榨汁机中，榨成汁。

③ 加入适量的水调匀即可。

营养小典：雪梨性微寒，汁甜味美，有生津润燥、清热化痰、润肠通便的功效。另外，雪梨含有丰富的果糖、葡萄糖、苹果酸、烟酸及多种维生素，对宝宝补充维生素和各种营养有很大的好处。

清热通便

苹果香蕉汁

原料 苹果50克，香蕉30克。

做法

① 苹果洗净，去皮，去籽，切成小块。

② 香蕉去皮，也切成小块。

③ 将苹果及香蕉放入榨汁机内搅打，以滤网滤掉果渣，加开水稀释即可。

营养小典：香蕉的香气佳，甜度也够，少量加入任何蔬果汁中，都是一道开胃的果汁。

增强食欲

红枣水

养血安神

原料 红枣100克。

做法

① 红枣洗净，用清水浸泡1个小时，捞出，装入碗里。

② 蒸锅内放入适量清水，把装红枣的碗放入蒸锅进行蒸制。

③ 看到蒸锅上汽后，等15~20分钟再出锅。

④ 把蒸出来的红枣水倒入杯中，加入适量的温开水调匀即可。

做法支招：红枣水虽然能预防贫血，但喝多了容易上火。因此，一天一次就可以，一次不要超过50毫升，更不要天天喝。

红枣有补脾、养血、安神的作用，贫血的宝宝喝点红枣水是很有好处的

番茄胡萝卜汁

原料 番茄、胡萝卜各100克。

做法

❶ 将番茄、胡萝卜洗净切成丁。

❷ 放入榨汁机中，加入适量水榨成汁。

营养小典：胡萝卜含有大量β-胡萝卜素，这种β-胡萝卜素的分子结构相当于2个分子的维生素A，进入机体后，在肝脏及小肠黏膜内经过酶的作用，其中50%变成维生素A，有补肝明目的作用，可治疗夜盲症。

护眼

番茄苹果汁

原料 番茄、苹果各150克。

调料 糖少许。

做法

❶ 将番茄洗净，用开水烫一下后剥皮，用榨汁机或消毒纱布把汁挤出。

❷ 苹果洗净，削皮，放入榨汁机中搅打成汁。

❸ 苹果汁兑入番茄汁中。

❹ 果汁中加入糖调匀，冲入温开水，即可直接饮用。

做法支招：番茄一定要选择熟透的，青番茄食用后会产生腹痛。

补充营养

胡萝卜苹果汁

原料 胡萝卜、苹果各50克，牛奶250毫升。

做法

① 苹果洗净，去核，切块。

② 胡萝卜去皮，洗净，切块。

③ 将苹果、胡萝卜放入榨汁机中，倒入牛奶，榨汁即成。

营养小典：胡萝卜富含B族维生素、维生素C、维生素D、维生素E、维生素K及叶酸，还有钙质、胡萝卜素、食物纤维等有益宝宝健康的成分。新鲜的胡萝卜汁能刺激胆汁的分泌，并能帮助中和胆固醇，还可增加宝宝的肠壁弹性以及安抚神经。

补充优质蛋白

核桃汁

原料 核桃仁100克，牛奶适量。

做法

① 将核桃仁放入温水中浸泡5~6分钟后，去皮。

② 将核桃用豆浆机磨成汁，用丝网过滤，使核桃汁流入小盆内。

③ 把核桃汁倒入锅中，加入牛奶烧沸，待温后即可饮用。

做法支招：注意核桃仁去皮要净，核桃汁磨得要细。

促进大脑发育

青菜泥

原料 青菜50克。

做法

① 将青菜洗净去茎,菜叶撕碎。

② 将撕碎的菜叶放入沸水中煮。

③ 待水沸后捞起菜叶,放在干净的钢丝筛上,将其捣烂,用勺压挤,滤出菜泥即可。

营养小典:营养丰富,含多种维生素,可加入粥中或乳儿糕中喂养宝宝。

富含膳食纤维

香蕉泥

原料 香蕉100克。

做法

① 将香蕉去皮。

② 用汤勺将果肉压成泥状即可。

做法支招:在喂食一种新的果泥时,先以一汤勺来试食,看看宝宝是否有过敏反应,再决定是否可以给宝宝食用。

润 肠

南瓜泥

原料 南瓜50克。

做法

① 南瓜去皮后切小丁。

② 将南瓜丁放入电饭锅蒸熟，取出用汤匙压成泥状，可以再加水或奶一起混合，以汤匙喂食宝宝即可。

营养小典：南瓜泥含糖分较高，不宜再加糖调味，也应控制宝宝的食用量，以防宝宝偏食。

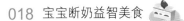

地瓜泥

原料 地瓜50克。

做法

① 地瓜去皮后切小丁。

② 将地瓜丁放入电饭锅蒸熟，用汤匙压成泥状，可以再加水或奶一起混合，以汤匙喂食宝宝即可。

营养小典：地瓜选用黄心地瓜最佳，甜润软糯，是宝宝的最爱。

蛋黄泥

原料 鸡蛋1个(约50克)，牛奶150克。

做法

① 将鸡蛋放入凉水中煮沸，用中火再煮5~10分钟，捞出后放入凉水中，剥壳取出蛋黄。

② 将蛋黄研碎，加入水或奶半杯，用勺调成泥状即可。

做法支招：如食用后起皮疹、腹泻、气喘等，就暂停喂食，等宝宝到7~8个月时再添加。

鸡蛋黄含DHA和卵磷脂、卵黄素，能健脑益智，改善记忆力

健脑益智

胡萝卜米糊

原料 胡萝卜50克，牛奶100毫升，营养米粉适量。

做法

① 胡萝卜洗净切丝，入锅蒸熟后将其捣成泥。

② 将胡萝卜泥、牛奶、营养米粉调成糊状即可。

营养小典：含有丰富的钙、磷、β-胡萝卜素、脂肪、碳水化合物和蛋白质。

补充矿物质

苹果藕糊

原料 藕粉20克，苹果30克。

做法

① 将藕粉和清水调匀；苹果切成极细小的颗粒备用。

② 将苹果粒加水煮熟备用。

③ 将藕粉倒入锅内用微火慢慢熬煮，边熬边搅拌，直至透明为止，将煮好的苹果粒倒入拌匀即可食用。

营养小典：苹果含有丰富的蛋白质、碳水化合物、维生素C、钙、磷，维生素A和B族维生素、尼克酸、铁等的含量也较高。

营养丰富

南瓜米汤

原料 新鲜南瓜100克，米汤适量。

做法

① 将南瓜洗净，去皮，去籽，切成小块。

② 将南瓜放入一个小碗里，上锅蒸15分钟左右。或是在用电饭煲焖饭时，等水差不多干时把南瓜放在米饭上蒸，饭熟后等5~10分钟，再开盖取出南瓜。

③ 把蒸好的南瓜用勺捣成泥，加入米汤，调匀即可。

做法支招：南瓜含糖分较高，不宜久存，去皮后不要放置太久。

苹果米粉

原料 苹果50克，米粉适量。

做法

将苹果磨成泥，与米粉拌匀，加适量温开水搅拌均匀，以汤匙喂食宝宝即可。

营养小典：米粉大多只有热量，因此要添加富有纤维素的食物，刺激宝宝肠胃蠕动，以避免便秘。

富含膳食纤维

富含膳食纤维

蛋黄豌豆糊

原料 豌豆20克，鸡蛋1个，大米50克。

做法

① 豌豆去掉豆荚，捣成豆蓉；大米淘洗干净；鸡蛋煮熟，捞出，取蛋黄，压成泥。

② 锅内加水，放入大米、豆蓉，小火煨30分钟，粥成半糊状时，拌入蛋黄泥即可。

营养小典：此糊含有丰富的钙质和碳水化合物、维生素A、卵磷脂等营养素，对宝宝骨骼的发育大有好处，同时还有健脑作用。

健脑益智

香蕉牛奶糊

原料 香蕉50克，牛奶100毫升，玉米粉适量。

做法

① 将香蕉去皮，研碎。

② 锅置火上，倒入牛奶，加入玉米粉，用小火煮5分钟左右，边煮边搅匀。

③ 煮好后倒入研碎的香蕉中调匀即可。

做法支招：做时一定要把牛奶、玉米粉煮熟。香蕉营养丰富，睡前吃点香蕉，可以起到镇静的作用。

增强智力

7~9个月宝宝辅食

宝宝辅食中的"黑名单"

蛋清		过早地给宝宝摄入蛋清，宝宝容易产生过敏反应，导致湿疹、荨麻疹等疾病。因为鸡蛋清中的蛋白分子较小，有时能通过肠壁直接进入婴儿血液中，使婴儿机体对异体蛋白分子产生过敏。所以，1岁之内的宝宝不要喂食蛋清
蜂蜜		蜂蜜中很可能含有肉毒杆菌，即使在高温下它也不会完全死亡。它对成人无害，但是婴儿的抵抗力还不强，很可能会引发婴儿肉毒杆菌症。所以，未满1岁的宝宝，不能喂食蜂蜜
花生		花生容易引起婴幼儿过敏，如果家中有人对花生过敏，就要注意不要给宝宝过早地喂食花生了
海鲜		螃蟹、虾等带壳类海鲜会引发婴儿的过敏症状，建议不宜在宝宝1岁以前喂食
竹笋		竹笋比较难消化，婴儿的消化功能发育又不完全，所以最好等宝宝大些再喂给他吃。另外，纤维素太多的菜梗也不要喂给宝宝吃
菠萝		有些人食用菠萝后很快出现皮肤瘙痒、四肢口舌麻木等症状。这是因为菠萝中含有菠萝蛋白酶等多种活性物质，对人的皮肤血管有一定的刺激作用。所以，宝宝不要过早食用
矿泉水 纯净水		矿泉水中矿物质含量过高，容易造成渗透压增高，增加肾脏负担。宝宝消化系统发育尚不完全，滤过功能差，饮用纯净水可能对婴幼儿肝功能有不良影响，且饮水机容易造成二次污染，也不宜饮用
刺激性 的饮料		可乐、咖啡、浓茶含有大量糖分或咖啡因，容易引起蛀牙并且影响宝宝的味觉
调料		辣椒酱、芥末、味精等口味较重的调味料，容易加重宝宝的肾脏负担，不要使用。在宝宝6个月前，最好也不要添加盐

什锦蔬果汁

原料 番茄、洋葱、西蓝花、苹果、橙子各40克。

做法

① 番茄用开水烫去皮，洗净，切丁；洋葱去老皮，洗净，切丁；西蓝花洗净，去梗；苹果洗净，去皮、核，切丁；橙子去皮，切丁。

② 将所有蔬果放入榨汁机中，加入冷开水，快速打2下，再慢速打3分钟即成。

营养小典：这款果汁可以为宝宝补充维生素，使宝宝增强抵抗力，促进宝宝生长发育，防治营养缺乏病，特别对坏血病有特效。

番茄糊

原料 番茄50克。

做法

① 用叉子将熟透的番茄叉好放入开水锅中，随即取出，去皮，去籽。

② 将番茄用勺子捣碎成糊状即可。

做法支招：不要在宝宝空腹时喂食，容易引起胃肠胀满、疼痛等不适症状。

促进骨骼生长

补充维生素

芝麻米粥

原料 大米50克，芝麻适量，核桃1个。

做法

① 将大米用清水浸泡1个小时；核桃切碎。

② 锅置火上，倒入芝麻、核桃，一起炒熟，待凉后捣成粉。

③ 大米放入锅中，加适量水大火煮沸。

④ 煮开后，加入芝麻核桃粉，小火煮1个小时即可。

做法支招：不宜给宝宝喂食太多，容易产生饱腹感。

营养健脑

芝麻中脂肪的主要成分是油酸、亚油酸及亚麻酸，都属于不饱和脂肪酸，不含胆固醇，是非常适宜宝宝食用又营养的食品

牛肉燕麦糊

原料 牛肉馅30克，燕麦20克。

做法

① 将燕麦入锅煮成粥，再放入牛肉馅一起煮熟。

② 倒入榨汁机中打成糊状，以汤匙喂食宝宝即可。

营养小典：牛肉中含铁质较丰富，可以将其混合在稀饭或燕麦片中喂食宝宝，能促进宝宝智力发育。

补 铁

鳕鱼苹果糊

原料 新鲜鳕鱼肉、苹果各50克，婴儿营养米粉适量。

调料 糖少许。

做法

① 将鳕鱼肉洗净，挑出鱼刺，去皮，煮烂制成鱼肉泥。

② 苹果洗净，去皮，放到榨汁机中榨成汁(或直接用勺刮出苹果泥)备用。

③ 锅置火上，加入适量水，放入鳕鱼泥和苹果泥，加入少许糖，煮开，加入米粉，调匀即可。

做法支招：便秘的宝宝不宜吃太多苹果。

补充蛋白质

土豆苹果糊

原料 土豆、苹果各50克，海带清汤适量。

做法

① 将土豆和苹果去皮，土豆炖烂之后捣成土豆泥，苹果用擦菜板擦好。

② 将土豆泥和海带清汤倒入锅中煮。

③ 在擦好的苹果中加入适量的水，用另外的锅煮。

④ 煮至稀粥样时即可将火关掉，将苹果糊浇在土豆泥上即可。

促进生长发育

胡萝卜苹果糊

原料 胡萝卜、苹果各60克。

做法

① 将胡萝卜洗净之后炖烂，并捣碎。

② 苹果洗净，削皮，用擦菜板擦丝。

③ 将捣碎的胡萝卜和擦好的苹果丝放入炖锅中，加适量水，小火煮至成糊，盛出即可。

补充维生素

地瓜叶泥

原料 地瓜叶20克。

做法

① 地瓜叶洗净，用沸水烫熟。

② 将地瓜叶以研磨器磨成泥状即可。

营养小典： 地瓜叶味甘、性平，有补中益气、生津润燥、养血止血以及通乳等功效。地瓜叶泥能帮助排便，还有丰富维生素A，可强化宝宝视力。食用后还能健脾胃，使宝宝胃口更好。

健脾胃

茄子泥

原料 嫩茄子50克。

做法

① 将茄子洗净，去皮，切成1厘米长的细条。

② 将茄子条放入一个小碗里，上锅蒸15分钟左右。

③ 将蒸好的茄子用勺研成泥状即可。

做法支招： 消化不良、容易腹泻的宝宝少吃。

促进生长发育

毛豆泥

原料 毛豆30克。

做法

① 毛豆剥皮后洗净。

② 锅中倒入适量水，放入毛豆煮熟，盛出用汤匙压成泥状，以汤匙喂食宝宝即可。

营养小典：促进消化，润肠通便。

增强体力

豌豆粥

原料 米饭适量，豌豆10克，牛奶100毫升。

做法

① 将豌豆煮熟，捣碎。

② 米饭加适量水用小锅煮沸，加入牛奶和豌豆，用小火煮成粥即可。

营养小典：豌豆中富含的粗纤维能促进大肠蠕动，保持大便通畅，起到清洁肠胃的作用。

清洁肠胃

牛奶菜花泥

原料 菜花、番茄各50克，牛奶100毫升，菠菜2棵。

预防感冒

做法

① 将菜花洗净；番茄和菠菜分别洗净，研成泥。

② 菜花和牛奶放入小锅里，用小火煮软。

③ 连同煮汁一起倒入磨臼内，捣烂。

④ 将菜花牛奶泥装碗，上边放上番茄泥和菠菜泥即可。

营养小典：菜花含有蛋白质、脂肪、糖及较多的维生素A、B族维生素、维生素C和较丰富的钙、磷、铁等矿物质。宝宝摄入足够的维生素C后，不但能增强肝脏的解毒功能，促进生长发育，还能增强免疫力，预防感冒。

鸡汤土豆泥

原料 土豆50克。

调料 鸡汤适量。

做法

❶ 土豆洗净，上锅蒸熟，取出去皮，压成泥。

❷ 净锅点火，倒入鸡汤煮沸，稍凉，淋到土豆泥上，拌匀即可。

营养小典：鸡汤含有丰富的脂肪和矿物质，土豆含有大量淀粉以及蛋白质、B族维生素、维生素C等营养成分，可提高宝宝的免疫力。

提高免疫力

蛋黄菠菜土豆泥

原料 土豆50克，熟鸡蛋黄1个(约50克)，菠菜20克。

做法

❶ 将土豆去皮，洗净，切成小块，放入锅内，加入适量的水煮烂，用汤匙捣成泥状。

❷ 将熟鸡蛋黄研碎。

❸ 菠菜洗干净，用水煮后，切碎，用纱布过滤出汁液。

❹ 将土豆泥盛入小盘内，加入菠菜汁、熟鸡蛋黄，搅拌均匀后即可食用。

促进生长发育

菠菜牛奶羹

原料 菠菜30克，洋葱（白皮）10克，牛奶适量。

做法

① 将菠菜洗净，放入开水锅中汆烫至软后捞出，沥干水。

② 菠菜选择叶尖部分仔细切碎，磨成泥状；洋葱洗净，剁成泥。

③ 锅置火上，放入菠菜泥与洋葱泥及适量清水，用小火煮至黏稠状。

④ 出锅前加入牛奶略煮即可。

做法支招：如果给较大年龄的宝宝做这道菜，可以稍稍加点糖，但要做好后再加糖，不能让糖与牛奶同煮。

补铁补钙

鱼肉羹

原料 鱼白肉100克，洋葱、胡萝卜各30克。

做法

① 将鱼刺剔除干净，鱼肉切碎。

② 将胡萝卜、洋葱切碎。

③ 锅内水开后放鱼白肉和蔬菜，煮至蔬菜熟烂即可。

营养小典：鱼肉非常适合幼儿及老人食用，因为鱼肉富含优良的蛋白质，相较于畜肉，脂肪含量较少，热量也较低。此外，鱼肉的蛋白质肌纤维构造比较短，结缔组织也比较少，因此肉质较为细致，好入口，容易被人体消化吸收。

促进营养吸收

蔬菜鸡蛋羹

原料 鸡蛋黄1个(约50克),胡萝卜、菠菜、洋葱各30克。

做法

① 将鸡蛋黄用筷子搅匀。

② 将菠菜、胡萝卜、洋葱均切碎,放在开水里煮烂。

③ 把蛋黄放入煮沸的蔬菜汤里,搅匀即可。

做法支招:选购鸡蛋时可用手轻摇,无声的是鲜蛋,有水声的是陈蛋。

补充蛋白质

奶味香蕉蛋羹

原料 香蕉、牛奶各适量,鸡蛋1个(约50克)。

做法

① 香蕉去皮,用勺子压成泥。

② 鸡蛋取蛋黄,倒入碗中打散,搅拌均匀。

③ 往蛋液中加入香蕉泥和牛奶一起拌匀。

④ 蒸锅加水烧开,将调好的香蕉蛋奶液入锅,用中火蒸熟即可。

营养小典:健脑益智,促进生长发育。

增强免疫力

红豆稀饭

原料 红小豆15克，大米30克。

做法

❶ 大米和红小豆均洗净，红小豆用水浸泡30分钟。

❷ 电饭锅中倒入适量水，放入大米、红小豆煮熟，盛出凉温，以汤匙喂食宝宝即可。

营养小典：7个月大之后，宝宝已经开始长牙并且慢慢适应辅食，但妈妈还是要注意宝宝摄取食物的状况，以免发生过敏。

补 铁

南瓜薯泥

原料 土豆、南瓜各50克，奶粉5克，葡萄干少许。

做法

❶ 将土豆、南瓜均去皮洗净，入锅煮熟，趁热时磨成泥。

❷ 将葡萄干剁碎。

❸ 将土豆泥、南瓜泥放入锅中，加入碎葡萄干搅拌均匀，放入奶粉，拌匀盛出即可。

营养小典：土豆中的维生素C含量高，容易消化，含有必需氨基酸，对宝宝的生长发育有益处。但是要避免食用发芽的土豆，因为土豆发芽后易产生龙葵素，食用后易引起中毒。南瓜含有胡萝卜素，不仅营养而且有鲜艳的色彩，能促进宝宝的食欲。

补充维生素

南瓜红薯玉米粥

原料 红薯20克，南瓜30克，玉米面50克。

做法

① 将红薯、南瓜去皮，洗净，剁成碎末，或放到榨汁机里打成糊（需要少加一点凉开水）；玉米面用适量的冷水调成稀糊。

② 锅置火上，加适量清水，烧开，放入红薯和南瓜煮5分钟左右，倒入玉米糊，煮至黏稠状即可。

营养小典：南瓜有补中益气的功效。红薯含有丰富的营养元素，特别是含有丰富的赖氨酸，能弥补大米、面粉中赖氨酸的不足。

苹果蛋黄粥

原料 苹果100克，熟鸡蛋黄1个，玉米粉适量。

做法

① 苹果洗净，切碎；玉米粉用凉水调匀；鸡蛋黄研碎。

② 锅置火上，加入适量清水，烧开，倒入玉米粉，边煮边搅动。

③ 烧开后，放入苹果和鸡蛋黄，改用小火煮5~10分钟即可。

做法支招：这道粥宜常食，但一次不宜食太多，以免消化不良。苹果过量食用反而会导致宝宝便秘。

清热

增强记忆力

Part 2

开始断奶，让宝宝正常离乳

母乳宝宝如何离乳

离乳，指的是幼小的哺乳类动物不再依赖妈妈的乳房，而去熟悉以其他的方式来获取营养。离乳是每个母乳宝宝必经的阶段，也是宝宝逐渐成熟独立的一个里程碑。对大多数哺乳类动物而言，离乳是一种本能。当宝宝可以自己进食，就自然离乳了。离乳不是一个时间点，而是一个过程。离乳并非完全停止哺喂母乳，而是在添加固体食物的同时，继续哺乳。

大多数学者认为，人类应该比其他的哺乳类哺喂更久的母乳，这可能是因为人类的孕期较长，婴儿对母亲的依赖性较强，大脑占体重的比例也较大等缘故。但究竟何时该离乳，并没有标准答案。

世界卫生组织建议宝宝6个月前纯喂母乳，6个月大之后开始添加辅食，并持续哺喂母乳到2岁或2岁以上，再由妈妈和宝宝共同决定何时及以何种方式离乳。

避免突然离乳

离乳的过程可长可短，但最好尽量避免突然离乳。对妈妈而言，突然停止喂奶或挤奶，很容易造成乳房疼痛或阻塞，激素的变化也会影响到妈妈的情绪。宝宝也会焦躁不安，睡不好，不易安抚。如果有无法避免的原因，非离乳不可，建议妈妈在胀奶的时候，仍必须稍将乳汁挤出，但不需要将乳房排空，只要维持乳腺不阻塞即可。比较小的宝宝要先使用母乳替代品，如奶瓶、奶嘴等。

如果宝宝不喜欢奶瓶，可以试试以下的方式：由除妈妈以外的其他人（如爸爸、祖母、保姆）耐心地喂食；选择一个跟妈妈乳头类似、宽底又柔软的奶嘴，或尝试使用杯子、滴管等；多把宝宝抱在怀里，就像喝奶的姿势一样。

循序渐进地离乳

当宝宝开始尝试吃辅食，就是准备离乳的开始。满6个月大之后，母乳逐渐无法满足宝宝对营养的需求，尤其是铁、锌、蛋白质和纤维质等。宝宝也必须开始学习去咀嚼固体食物，这是个完全不同于吸奶的动作。

促进宝宝咀嚼和吞咽的发展，添加固体食物是很重要的。当发育还不够成熟的时候，宝宝会用舌头将放进口中的汤匙顶开。可是当宝宝4~6个月大时，舌头会自然下压并接受食物；7~9个月大后，咬和咀嚼的强度会与日俱增。别担心他没长牙齿，咀嚼的动作对于脸部肌肉的发育、牙齿的生长，甚至日后语言的发展都是很有帮助的。

减少喂奶的次数

刚开始一天中选定一餐不喂奶，改喂辅食，等宝宝适应后，再逐渐增加辅食的量，之后每隔几天或一两周，再多喂食一餐。不鼓励宝宝吸奶，宝宝想吸奶时也不拒绝，但喂哺的次数会逐渐减少，时间也逐渐变短。

延迟吃奶的时间

等到辅食可以逐渐取代母乳成为宝宝的主食了，妈妈可以在宝宝想吸奶的时候，稍稍转移宝宝的注意力，例如，念故事书、玩玩具、以健康的食物或饮料替代等，来延迟吃奶的时间。如果宝宝够懂事了，妈妈也可以跟他约定好，什么时间或地点可以吃奶或不能吃奶。

告别夜奶

通常睡觉前的一餐是最后被停止的。妈妈可以尝试用其他的方法来让宝宝入睡，如睡前补充一些点心、陪宝宝听音乐或说故事。也可以改由爸爸或其他的家人来陪伴宝宝入睡。

如果宝宝在离乳的过程中出现持续哭闹不安、特别黏人、没有安全感、晚上睡不好或梦魇、常吸手指或咬东西等行为表现，表示宝宝可能还没有准备好，或离乳的过程太快，让宝宝不能适应。这时妈妈必须评估一下是否离乳太早或太快了。

如何知道宝宝准备好离乳了

离乳是妈妈和宝宝之间完美的双人舞，合适的离乳时间，外人很难置喙，这牵涉到妈妈对哺乳的计划与宝宝的个性及表现，然而给自己和宝宝更多时间和弹性绝对是正确的。除非是必要的离乳因素，妈妈们可以在离乳前半年到1年间，就开始计划给予宝宝辅食并让宝宝适应慢慢离乳。千万不要期望自己第1天离乳后宝宝第2天就能真的完全不吃奶了，应给予宝宝至少3个月到半年的准备及适应期，才有机会真正和妈妈的乳房说 bye bye。

已经预备好要让宝宝离乳的妈妈，必须先观察宝宝进食的情形，才不会有宝宝营养摄取不足的问题。若宝宝已经良好地适应辅食，吃得很好时，就可以准备离乳。

除了进食的情况，计划离乳的妈妈们也要观察宝宝为什么会要求吃奶。一般来说，宝宝想要吃奶的原因可以大略分成习惯以及需要两种，需要很难被转移，习惯则可以被改变。举例来说，妈妈在讲电话时原本在玩积木的宝宝跑来索乳，想离乳的妈妈可以试试看赶快挂掉电话，带宝宝到公园走一圈，宝宝通常会在公园玩得不亦乐乎，就忘记吃奶这件事，当宝宝想吃奶的欲望常常被其他事情替代时，就会渐渐习惯不需要吃奶了。很难转移的是心理上的满足，先把习惯的部分解决了，再处理心理依赖也不迟。

许多妈妈会把睡前奶放在离乳计划的后段。白天充足地运动，在宝宝预定睡眠前1小时开始布局，洗温水澡、刷牙、说故事、拍背……妈妈们可以安排一些温柔的仪式让宝宝学习不靠吃奶安然入睡。

自然离乳的好处

除了刻意离乳外，一些有耐心的妈妈愿意等到宝宝不愿意继续主动吃奶为止，称之为自然离乳。当宝宝够大了，可以接受多种食物，喜欢其他的安抚方式或做别的事情，对吃奶显得没有兴趣，也许就是宝宝即将离乳的迹象了。自然离乳不见得是妈妈完全不干预、没有觉知的自然，而是水到渠成、两个人达成平衡的一种方式。在自然离乳前妈妈会先有心理准备，并让宝宝渐渐习惯辅食；宝宝也会在妈妈平时的沟通当中，渐渐地与想要喝奶的念头达成协议。

有些4~5个月的宝宝吃奶时会有左看右看不太专心的行为，其实是因为视力发展变

好，对很多事物好奇。有些妈妈会以为这样就是准备好离乳的前兆，其实并不是这样。建议妈妈在固定、安静、不明亮的地方喂奶，能避免宝宝不专心吃奶的情形。

自然离乳的好处是宝宝可以从母乳中获取最多的养分，并提升免疫力，对妈妈的身心也很有帮助（平稳情绪、延迟排卵、降低乳癌发生、避免骨质疏松等）。妈妈和宝宝有更亲密的联结，妈妈不用去面对不快乐的宝宝，以后也没有戒除奶嘴或奶瓶的问题。

传统方式vs现代新法

离乳方式也有所谓传统和现代之分，你打算用哪一种离乳方法？传统的离乳方式对宝宝和妈妈来说其实都是比较残忍的做法，而现代的离乳方式却有时间较长的缺点。不论采用什么方式离乳，重点在于要让宝宝感受到妈妈的爱与呵护，不会因为离乳而让彼此的关系产生变化。

一刀两断的强制传统离乳法

传统的离乳，大都朝着一刀两断的断奶方式强制实行，包括妈妈与宝宝分开、在乳头上涂辣椒等急迫的离乳，目的即是希望宝宝不再需要妈妈的乳房。如果处理不当，很容易造成乳腺管阻塞、乳房疼痛的问题。突然停止喂奶也可能造成妈妈情绪低落、忧郁，同时还可能面临宝宝哭闹不休的困扰。

实用小锦囊

妈妈的乳头好痛！

许多妈妈会想要让宝宝早一点离乳，是因为被长牙的宝宝咬得乳头很痛，不想再继续喂下去。正常的情况下宝宝即使长牙也不容易咬到妈妈的乳头，因为正确的吸乳动作中，宝宝会将妈妈的乳头放置到接近喉咙的位置，吃奶与咬乳头不会同时发生。有可能在宝宝长新牙时喝奶会有"卡卡"的感觉，但是不应该是疼痛和咬！除非妈妈在宝宝想睡觉时或在车上喂食宝宝，宝宝在摇晃中睡睡，有一口没一口地吃奶时，才有被咬到的机会（为了行车安全，妈妈应该避免在行车中将宝宝抱离安全座椅喂奶）。

有时候妈妈被咬到时因为痛而大叫，或是其他反应让宝宝吓到时，宝宝会有短暂离乳的情况，有些妈妈以为这就是自然离乳，其实不然。在国外这种现象被称作喝奶罢工，因为宝宝不知道发生什么事情，害怕妈妈的反应而短暂的几天不再吸奶。建议妈妈在不小心被宝宝咬到时，不要急着拉扯乳房，更要避免尖叫或骂宝宝，而是反其道而行，用力朝胸抱紧宝宝，宝宝会自然地因为需要呼吸而松开嘴巴。

曾经有过妈妈在乳头上涂了辣椒，宝宝却仍然要吃奶的例子，宝宝到最后是边哭边吃，吃一下就离开，张开口吐气等待辣的感觉消失，可见得宝宝对母乳仍是非常需要。这样的情况，就是宝宝在生理、心理上尚未做好准备，必须再给他一点时间。遇上不得已的情况，妈妈必须进行强制离乳时，必须注意要以一致的态度进行，要让宝宝了解到妈妈一直都在，不会因为离乳而和宝宝有不好的关系，妈妈与宝宝分开也是一个不错的方式，但必须有一位与宝宝关系良好的照顾者陪伴。

人性化却需时间的现代离乳法

柔性的现代离乳强调以较人性的方式，用相同强度的吸引力转移宝宝的需要，同时补足宝宝所需要的营养，缺点是要长时间慢慢转移宝宝对妈妈乳房的注意力。如此一来，妈妈及宝宝便不必经过一段不愉快的历程，且能顾虑宝宝身心的发展。宝宝的自主

性高时，更有机会让他选择再也不必吃奶，可以和母乳说bye bye了。

有这样一个例子。父母从宝宝1岁时开始进行离乳，以一餐一餐循序渐进的方式用辅食取代喝奶。进行到一定程度时，他们开始玩缩短喝奶时间和这一餐不喝奶的游戏，有时宝宝会答应，有时则不答应，有时候会说："好，但是我们明天还要喝奶。"直到有一天，宝宝对妈妈说："那我们玩今天不喝奶、明天也不喝奶好不好？"于是宝宝真的在2岁多时做到了不再喝奶，这对爸妈来说都非常感动，因为他们的陪伴也见证了宝宝的成长。

宝宝的反抗及后退情形

有些宝宝看似已经适应离乳，却可能在某些情况下有倒退的情况，再度向妈妈索乳，建议妈妈若遇上这种情况，应该再给宝宝一点时间。很多妈妈因为担心，会设定宝宝在几岁时可以达到自己所预计的指标（6个月开始吃辅食、1岁离乳……），但人毕竟不是机器，所有年龄设定应该只是参考值，妈妈在进行离乳时，给予宝宝更多的时间与陪伴对宝宝来说是比较好的。大略来说，如果宝宝出现以往不曾有的焦虑行为（如咬手指、抠手、咬人、突然讲话结巴、分离焦虑等）或是难以转移的哭闹不安时，妈妈最好放慢脚步，给宝宝更多时间，多观察宝宝。有时以退为进会比硬碰硬更好，请记住：哺乳和离乳都像双人舞，一方躁进就不会协调。

Q 我儿子即将满1岁了，从孩子10个月大开始，我就试着让他喝配方奶，换了好几个牌子，他都不喝，试过好几种奶瓶也一直被孩子拒绝，挤出冷冻母乳温后喂孩子也不要，他只要"亲喂"！可我的奶量越来越少，最近都不太会胀奶，且下个月就要上班了，请问怎么办？

A 现在多数人都能接受"母乳最好"这个观念，只是很多人都以为随着宝宝的成长，母乳的营养成分也逐渐递减。研究指出，随着宝宝的成长，母乳的成分一直在改变，每个阶段的母乳正适合该阶段的宝宝成长所需。当然，宝宝6个月大以后，所需营养更多了，不能再光靠母乳来供给宝宝全方位的需求，因此需要添加辅食。这并不表示母乳对大宝宝来说毫无价值，母乳是宝宝们蛋白质、维生素、矿物质、必需脂肪酸和保护因子的主要来源，特别是母乳中富含的抗体，是其他母乳替代品所无法取代的。

如果宝宝在生命中的头几个月没有太多使用奶瓶的经验，抗拒奶瓶的状况是常见的。其实，奶瓶并非是亲喂以外的唯一选择，汤匙、滴管都可以尝试。您的宝宝快要1岁了，甚至可以尝试使用吸管或是杯子直接喝。妈妈最需要做的是慎选照顾者，要找到有耐心对待宝宝的看护者，愿意陪伴着宝宝尝试各种可能，直到宝宝愿意接受为止。

最后要说明的是，胀奶与否并非奶量多寡的指标，即便是不曾有胀奶经验的妈妈，也可以靠着母乳把宝宝养大。请放心，您的宝宝就要满1岁了，辅食将晋升为主食，母乳将慢慢退居第二线。请提供宝宝多元、健康、丰富的食物选择，并对宝宝多一点信心和耐心，相信宝宝在辅食的部分，会让您越来越放心的。

营养素、矿物质、维生素，
宝宝每日摄取完整吗

在宝宝每个成长阶段中提供广泛而多元的食物，就可以供给他均衡而充足的营养，帮助宝宝长得健健康康！下面将人体所需的营养分成三大营养素、矿物质和维生素篇分别来介绍，内容中特别提到的营养成分都是妈妈应该让宝宝充分摄取的。

三大营养素篇

蛋白质

蛋白质是人体构成的原料，是制造细胞和神经递质的重要元素之一，能帮助脑部发育。一般来说，1岁以内的宝宝每日每千克体重需供给的蛋白质是1.7~2.5克。

当宝宝膳食中奶、肉、蛋、豆制品长时间供给不足时，宝宝会有蛋白质缺乏表现，如容易疲乏、消瘦、水肿等症状；而长期严重缺乏的宝宝，则会出现生长迟缓、抵抗力下降、反复发生上呼吸道感染等严重症状。

饮食来源

以1岁宝宝为例的食物建议摄取量来看，蛋白质需求为1~2杯母乳或牛奶、1个蛋黄泥、1/3块豆腐等豆类制品（1块豆腐为四个方格）、鱼或肉泥50克等。

小提醒

蛋白质并非多多益善，若长期超量也会对宝宝的健康带来损害，容易产生肝肾功能负担。而且蛋、肉等蛋白质过多时，未消化的蛋白质在肠道细菌的作用下，会产生有毒产物，导致肝肾功能障碍或发育不全。因此，摄取上建议足量即可，勿贪多。

脂肪

一般而言，脂肪酸因构成方式的不同，分为饱和脂肪酸和不饱和脂肪酸。如果油脂中含不饱和脂肪酸多，室温下会呈液态状；反之，若含饱和脂肪酸多，则为固体状。其中，部分的不饱和脂肪酸通常为必需脂肪酸，而必需脂肪酸是人体所需，但是无法合成或合成量不足的脂肪酸，要由食物中获取，否则会造成缺乏症。此外，脂肪是热量的来源之一，在供给人体能量方面有很重要的作用。

饮食来源

脂肪的来源多以植物油脂为主，如种子类、坚果类等，或者是动物脂肪来源，如肉类、鱼类等。

小提醒

油脂的主要功能有：提供生长及维持皮肤健康所必需的必需脂肪酸，帮助脂溶性维生素（A、D、E、K）被人体吸收利用，脂肪中的多元不饱和脂肪酸是构成细胞膜的成分之一及神经髓鞘的主要物质。磷脂质制造细胞膜，有助增强记忆力和集中力，黄豆及其制品如豆腐及豆浆、植物油及果仁等均蕴含丰富磷脂质。

当身体中有多余的热量时就会以脂肪的形态贮藏，身体内的脂肪可以维持体温，保护内脏不受到撞击伤害。对宝宝而言，身体组织的发育、激素的制造、脑部的成长，都需要脂肪的帮助。

碳水化合物

　　碳水化合物，亦称糖类，可为人体提供能量，此外，为供给胎儿和母体的基本能源。碳水化合物在体内消化后主要以葡萄糖形式被吸收，迅速氧化给机体供能。

　　碳水化合物是人体最重要、最经济、来源最广泛的能量营养素，与蛋白质和脂肪共同构成人体的能量来源。成人所需总能量的58%~68%来自碳水化合物，儿童则在40%以上。

饮食来源

　　食物如米、面粉中的碳水化合物经消化降解为单糖后随即被人体吸收，在代谢过程中释放出人体所需的能量。像米饭、面包、根茎类、面条和早餐谷片中的碳水化合物含量都很丰富。宝宝可由米麸类饮食着手，随着年龄的增长再逐渐加入其他的谷类，以增添变化和营养。另外，足量的B族维生素是不可或缺的，因此在增加糖类摄取时，同时需要增加B族维生素的摄取量。

　　还有像是全谷类（如糙米和全麦面包），比起白米和白面包等精致谷类制品的养分更丰富。但不要过度地在宝宝的正餐和点心中添加过多的高纤食物，如麸皮、小麦胚芽等，以免造成纤维超载。太多的纤维在宝宝的肚子中膨胀，会造成腹胀感以至于无食欲，无法获得足够的养分。

小提醒

　　糖类在体内与蛋白质结合构成糖蛋白，借此参与体内多种生理功能活动；核糖及脱氧核糖又是构成核酸的重要成分，与生命活动直接关联。因此，糖类在维护脑、肝、心等脏器功能方面有重要作用。

　　大脑消耗相当于人体1/5~1/4总基础代谢的能量，而葡萄糖则是快速直接提供能量的首要能源。

钙

6个月以下的宝宝每天应摄入400毫克的钙，7~12个月的宝宝应摄入500毫克，1~3岁应摄入600毫克，4~10岁应摄入800毫克。因此，从宝宝出生后两周起，就应该开始补充足量的钙质。对1~4岁的宝宝而言，每天能喝400毫升的牛奶就可以了，且其他饮食也是很好的补充来源，就不用额外补充钙剂。

而钙质也是人体含量最多的无机元素，可参与神经、骨骼、肌肉的代谢，还是骨骼、牙齿的重要组成成分。

饮食来源

奶和奶制品是补钙的最佳食品，不仅含钙量多，而且吸收率高。除了钙以外，奶类还含有宝宝生长所必需的蛋白质、脂肪、碳水化合物及维生素等，因此是宝宝最佳的营养来源。宝宝的饮食上也可多添加牛奶及其制品(如奶酪、优格等)、海带、黄豆及其制品。如豆腐、豆浆、腐皮、奶制品、黑芝麻、鱼虾类的食材，均是不错的钙质来源。

小提醒

钙质的吸收需要维生素D的帮助。维生素D可促进肠道中钙的吸收，并减少肾脏中钙的排出，所以补钙的同时也要补充维生素D。一般宝宝配方奶已有足够的钙及维生素D，如果有均衡饮食，其实不用补充过量的钙粉。

铁

0~6个月的婴儿需7毫克铁，6个月以上的婴儿每天应摄入10毫克铁。

此外，此营养素是人体必需的微量元素之一，也是人体生长红细胞的主要元素。怀孕的妈妈缺铁会出现贫血症状，使胎儿发育迟缓或产生子宫内缺氧等现象。

饮食来源

铁质主要来自肉类，肉类包括禽、畜、鱼、贝等。在植物性食物中，蔬菜、海带、樱桃、发酵黄豆制品也有促进铁吸收的效益。木耳、芝麻酱和桂圆的含铁量较丰富。葡萄、核桃类等含铁的食物除了可帮助预防贫血，也和大脑的正常运作相关。摄取足够铁质可帮助提升宝宝的专注力与学习能力。

小提醒

在补铁的同时亦要注意补充维生素C，因富含维生素C的食品可帮助铁的吸收。在日常食物中，血红素铁主要存在于肉类食品中，故动物和植物性食品混合食用可增加铁的吸收。

碘

促进生长发育及大脑功能发育，1~3岁儿童每日碘的建议摄取量为65微克，4~6岁的儿童需要90微克。

饮食来源

主要来源有海菜、海带、紫菜、虾皮、海鱼、鱼松等海产品及碘化盐。

小提醒

身体成长、发育、运作需要甲状腺素，尤其在胎儿期和产后初期的大脑发育阶段，而碘是甲状腺素的重要成分，缺碘的症状包括心智障碍、甲状腺机能不足、甲状腺肿大、呆小症以及程度不等的生长与发育异常。

锌

孩子每天锌的推荐摄入量为：1岁是5毫克，1岁以上的孩子每天应摄入10毫克。

锌为身体组织及体液的必需元素，也是胎儿中枢神经系统发育的重要营养素，对于宝宝的免疫功能、蛋白质合成、脂肪运送和生长发育，可以说是一项不可或缺的营养素。锌也可促进儿童发育及提高智力，和脑部发展及记忆相关。另外锌也可减少呼吸道及腹泻的感染，即使感染之后，也会因酌量摄取锌而缩短复原的时间。

饮食来源

日常膳食多数也都含有锌的成分，而其中牡蛎、螃蟹、瘦牛肉、羊肉、鸡肉、植物的种子（葵花子、麦胚、各类坚果）等都是含锌量多的饮食。宝宝3岁前不适合吃带壳海鲜，故爸爸妈妈烹调时还是要注意宝宝的摄取。

小提醒

锌缺乏的临床症状包括生长迟滞、生殖功能发育迟滞、生殖腺机能不足、免疫力低下、认知与行为异常、味觉迟钝、伤口愈合缓慢、食欲不振等。

维生素A

脂溶性维生素的一种，对于视觉细胞分化和胚胎发育都是必需的，也可帮助视力的发育，促进成长和预防皮肤干燥，加强抵抗细菌传染的能力。幼儿每日所需的维生素A摄取量约为400微克。

因脂溶性维生素会蓄积体内，若食用过量会引起中毒现象，也会引起皮肤发炎等状况。

饮食来源

动物肝脏、蛋黄与奶油为富含维生素A的食物；深绿色与深橙黄色蔬菜水果，如哈密瓜、木瓜、胡萝卜、南瓜为富含维生素A的食物。豆类、谷类或肉类中不含维生素A或含量很低。

维生素D

维生素D在人体的作用机制与固醇类激素相同。饮食钙磷足够时，维生素D借促进肠道自十二指肠及空肠吸收饮食中的钙与在小肠各处吸收磷的效率，维持正常血清钙磷浓度于正常范围，同时对肌肉收缩、神经传导等功能的维持也有重要作用。维生素D可通过日光照射皮肤、晒太阳来获得。建议1岁以下每天至少摄取10微克；1岁以上每天至少摄取5微克。

饮食来源

天然富含维生素D的食物种类不多，来源如：鱼肝油、高油脂鱼类、肝脏、海鲜类、营养强化牛奶、奶油、牛肉、蛋黄等。

维生素E

为脂溶性抗氧化维生素，可降低体内氧化反应，减轻疲劳。维生素E可抗凝血，抗细胞老化，也可保护细胞不受自由基侵害，强化免疫系统。另外，对维持生殖系统正常功能有很重要的作用。

饮食来源

此成分多存于植物油（小麦胚芽油、葵花油、大豆油、玉米油、橄榄油等）、五谷杂粮、豆腐、地瓜、胡萝卜、花生、芝麻、乳制品、瘦肉、蛋、动物肝脏中。

维生素C

维生素C最主要是参与体内一些羟化反应，它也是构成胶原蛋白的要素，所以维生素C可以促进伤口愈合、烧伤复原及增加对受伤及感染等压力的抵御能力。建议1~3岁儿童维生素C的每日摄取量为40毫克，4~6岁为50毫克。

饮食来源

维生素C摄取量大多来自蔬菜与水果。水果中以番石榴的含量最丰富。橙子、橘子、葡萄柚、柚子、柠檬均含有相当丰富的维生素C，另外，如猕猴桃、草莓、菠萝含量亦相当高。此外，绿色蔬菜也富含维生素C，以青椒含量最丰富。

维生素B$_1$

维生素B$_1$又称为硫胺素，是第一个被发现的B族维生素。它在体内扮演了一个非常重要的角色，其中包括：能量转换作用以及神经细胞膜功能的维持及神经传导等。1~3岁的儿童每日维生素B$_1$的建议摄取量为0.6毫克，4~6岁的儿童需0.7~0.8毫克。

饮食来源

以全谷类及小麦胚芽含量最丰富。另外，此成分多存于动物肝脏、豆浆、营养强化早餐谷片、豌豆、菠菜、玉米、橙子、豆类、花生、葵花子、酵母以及牛奶等中。

维生素B$_2$

维生素B$_2$为体内重要的辅酶成分，是蛋白质、糖类及脂质代谢产生热量过程中所必需的。它可促进生长和细胞再生，维持正常的成长与发育。1~3岁的儿童每日维生素B$_2$的建议摄取量为0.7毫克，4~6岁的男孩需0.9毫克，女孩为0.8毫克。

饮食来源

大部分的植物及动物组织皆含有维生素B$_2$，其中牛奶及其制品（奶酪、酸奶）及强化谷类含量丰富。肉类、动物的内脏及绿色蔬菜、西蓝花也是维生素B$_2$的良好来源。

维生素B$_6$

维生素B$_6$主要是参与氨基酸的代谢反应，此维生素的需要量随蛋白质摄取量的增加而增多。1~3岁的儿童每日维生素B$_6$的建议摄取量为0.5毫克，4~6岁的儿童需0.7毫克。

饮食来源

动物食品是维生素B$_6$的良好饮食来源，如猪肉、牛肉等。植物中，全麦、糙米、酵母、豆类及坚果类均是维生素B$_6$的良好饮食来源。除此之外，蔬菜中的菠菜、西蓝花、菜花和水果中的香蕉等也含有丰富的维生素B$_6$。

维生素B$_{12}$

维生素B$_{12}$在体内主要参与氨基酸反应，也会影响叶酸代谢途径而影响核酸之合成与细胞的分裂。1~3岁的儿童每日维生素B$_{12}$的建议摄取量为0.9微克，4~6岁的儿童则需1.2微克。

饮食来源

植物性食品不含维生素B$_{12}$，所以食物中维生素B$_{12}$的主要来源是动物性食品，主要以肝脏、肉类或贝类等含量较丰富，乳品类亦含少量。

叶酸

叶酸主要参与单碳代谢反应，与细胞分裂有密切关系，同时是参与氨基酸代谢之辅酶。另外对生物体内所有的甲基化反应扮演十分重要的角色。由于叶酸参与DNA合成和氨基酸代谢的反应，故与细胞分裂有关。

缺乏叶酸会导致巨球型贫血症及生长迟缓等现象。1~3岁的儿童每日叶酸的建议摄取量为150微克，4~6岁的儿童需200微克。

饮食来源

此成分多存于深绿色叶菜、西蓝花、肝脏、芦笋、干豆类、橙子、酵母等。

Q 我家的宝宝9个多月了，粥不肯吃，面也不爱吃，却很爱吃大人的东西，我给他吃过鱼，他很喜欢，会一直要。请问医生，宝宝这么爱吃鱼，是因为鱼比较有味道吗？那我现在可不可以在食物里加一些盐之类的调味料？听说海鲜类对宝宝来说不好，是不是真的？

A 宝宝的辅食添加，在初期皆以液体状为主，随着年纪增长会渐渐进步到泥状或糊状食物，以及细碎食物或块状食物（如鱼类）。除了液体食物，其他的食物最好以碗或杯子盛装，再以小汤匙喂食，以训练宝宝吞咽及咀嚼食物的能力，进而减少宝宝日后偏食的情况，让他能很顺利地习惯未来成人的饮食方式。

至于宝宝的辅食，应严格禁止食用过量盐（盐的摄取不宜过多，每天应少于3克），限制酱油、味精、糖、胡椒粉或辣椒等调味料的食用。宝宝摄取的辅食要以清淡为主才是正确的观念，所以用天然、原味的新鲜食材来制作固体食物较佳。而鱼类应选择刺少、肉质细嫩者，先洗净，蒸熟后再以捣碎的方式食用。

另外，由于海鲜类属于高过敏的食物，所以开始喂食时，应采取每次只试一种新食物的方式（建议3~5天尝试一种新的食物），并且注意宝宝的粪便及皮肤状况。若喂食后的前几天发生一些不良反应，如腹泻、呕吐、肠绞痛、便秘、皮肤起红疹或荨麻疹等，应立即停止食用该类食物，并带宝宝去看医生，以厘清可能与食物之间产生的过敏反应。其实，每位宝宝在经历喂奶以及添加辅食的过程时，对爸爸妈妈都是极大的挑战，家长们应采取食物多样化的方式，并抱持着耐心，不时给予宝宝言语上的鼓励，相信宝宝们都能茁壮成长！

食材好才能养出壮宝宝

辅食除了训练宝宝的咀嚼能力之外，更重要的是让宝宝摄取到食物中的营养成分。每一种天然的食物皆含有丰富的营养，且针对不同需求，会有不同的效用。添加辅食的同时，不妨将宝宝需要的营养作为参考，选择那些更能促进宝宝的身体发育的食材，让宝宝在吃辅食后长成越来越健康的壮宝宝。

从低过敏源食材开始

辅食添加应掌握两个原则：由液状至泥或糊状，由米粉、麦粉开始，依序尝试蔬菜、水果及肉类。宝宝刚接触辅食时是训练宝宝的咀嚼功能，因此刚开始给予同母乳般液状的食物宝宝会较容易吞咽，也比较容易消化，等宝宝习惯之后，再给予较稠的果泥、蔬菜泥等。

对爸爸妈妈来说，提到五谷根茎类，大部分的人会想到米饭、面食，但其实山药、马铃薯、地瓜、南瓜等也算是五谷根茎类的一种，其口感与米饭较不同，不失为另一种多元的选择。

至于肉类食物虽然富含丰富的蛋白质，有助于宝宝的成长发育，但过敏源也跟随着蛋白质而来，因此建议家长在添加肉类时应尽量小心，并于宝宝6个月之后慢慢添加。包括蛋、牛奶、黄豆及带壳海鲜等富含蛋白质的食物，都可能造成过敏，应每一次添加一种，观察5~7天之后确定不会造成宝宝过敏（如有拉肚子或红疹现象），再尝试下一种食材。若要添加蛋类食物，也应先加蛋黄。蛋白应于10个月后尝试，减少过敏情况发生。

食用方式大学问

尽管蔬菜及水果对宝宝来说是天然又营养的成分，但有些蔬菜粗糙的纤维对宝宝来说却可能是潜在的危机。粗糙、较长的纤维如金针菇、菜梗部分等，使用果汁机之后仍无法将食物有效打碎，宝宝食用时可能会因此呛到，具有危险疑虑。若要给宝宝食用蔬菜，一开始建议由瓜果、菜叶来开始，选择较容易咀嚼的。

水果的部分，营养师则建议爸爸妈妈先选择有皮的水果。由于水果不像其他的食材都会经过烹调，水洗不一定能清洗干净，因此选择带皮水果，要吃的时候把皮剥掉再吃，避免将果皮上可能含有的不干净、具有病菌的成分吃下肚。

高盐、高糖，别碰为妙

基本上，宝宝所食用的食品限制与大人没有太大差别，但由于宝宝的肾脏尚未发育完全，很多大人吃的加工品如乳酪、火腿等，都含太多盐分及调味料，若直接打成泥让宝宝享用，可能会造成宝宝肾脏的负担，家长一定要小心为上。另外，若食用添加太多的盐分及调味料等重口味的食物，会使得宝宝的口味越来越重，长期下来便容易有高血压的疑虑。

小朋友都爱吃甜食，若妈妈喂甜甜的东西，宝宝的胃口就会变得比较好一点，但糖分容易导致肥胖及蛀牙。一般宝宝感觉甜甜好吃的东西，通常属于单糖类（五谷根茎属于多糖类）。单糖类仅含有糖分及热量，无其他营养素，如过量补充，会排挤宝宝摄取其他营养的食物。

蜂蜜与含咖啡因饮料，辅食的大禁忌

蜂蜜是直接从蜂巢取出的一种糖类，由于通常没有经过消毒，所含有的肉毒杆菌无法以一般加热方式消灭，对肠胃及免疫系统尚未发育完全的宝宝来说比较危险，父母千万不可随意让宝宝品尝！此外，茶、咖啡或可乐等饮料皆含有咖啡因的成分，对大人来说可以提神醒脑，对宝宝来说却是发生躁动的一种重要原因。咖啡因还会让宝宝的钙质流失。除了水以外的饮料，妈妈们都应谨慎选择。

选对食材，宝宝强壮

每一种食材都具有不同营养成分，在宝宝成长过程中，爸爸妈妈可以尽量挑选对宝宝发育有益的成分，并挑选各种食材让宝宝食用，让宝宝越吃越健康。但还是建议宝宝以均衡饮食为基础，再搭配以下几种食材，并可尝试各种不一样食材的组合，才不容易吃腻或某些营养素摄取不足。

提升抵抗力食材

选择可以增加抵抗力的食材，让宝宝健康成长。

硒：矿物质硒可修复黏膜及保护皮肤。研究证明，硒可增加体液免疫功能并调节免疫作用。而硒与维生素E共同作用，对抗体的产生有加强的效果。硒可从洋葱、番茄、牡蛎、金枪鱼等食物中获得。

锌：为协助白细胞、红细胞及酵素系统生成的营养素之一，可直接刺激胸腺细胞（免疫细胞的一种）增生，维持细胞免疫的完整性。而海鲜类、肉类及坚果类皆为富含锌的食物。

多糖体：广告中常常会听到某些营养食品添加多糖体，其成分不仅能提高巨噬细胞的吞噬能力，亦可以增加免疫系统的溶菌功能，常存在于菇类、木耳之中。由于宝宝尚无法咀嚼多糖体丰富的菇类，营养师建议爸爸妈妈可使用质地较软且纤维较细的木耳来代替，或是以菇类熬煮高汤（不过熬汤能将营养素溶解在汤中的效用有限）。

维生素C：维生素C本身就可提升宝宝的免疫功能，从水果中就能有效摄取，柑橘类水果含量尤其丰富。

硫化物：可杀菌的硫化物多存在于辛辣的大蒜、洋葱、韭菜之中，但这些食物可能容易让宝宝的肠胃感到不舒服，建议爸爸妈妈可用也富含硫化物的卷心菜、西蓝花替代。

骨骼强壮食材

宝宝成长阶段，每天都一点一滴地长大，必须补足骨骼所需的营养，才能确保宝宝长得又高又壮。

钙：宝宝骨骼中基本的组成物质，牛奶、母乳、蛋黄泥及肝泥都富含钙质，豆制品及绿色蔬菜也含有少量的钙质。大骨或鸡骨汤虽可将少量钙质煮出，但熬煮出的钙质量并不高。除了摄取钙质之外，爸爸妈妈也别忘了定时带宝宝出去晒晒太阳，维生素D会在身体内活化，能有效地帮助宝宝摄取钙质。

β-胡萝卜素：颜色橘黄色的蔬果如胡萝卜、木瓜及南瓜等，皆有丰富的β-胡萝卜素，也能帮助宝宝的骨骼发育。

提升聪明食材

吃对食物，除让宝宝身体强壮之外，还能促进宝宝的脑部发育。以下几种食材，爸爸妈妈可要适时添加在宝宝的辅食当中。

DHA、EPA：DHA与EPA能帮助脑部神经传导，在深海鱼中与母乳中最容易发现这样的成分；很多配方奶中会添加DHA及EPA，为母乳中主要的油脂成分之一。

卵磷脂：脑部组织的主要成分，蛋黄、黄豆都含有丰富的卵磷脂。

B族维生素：与人体的能量代谢有关，若缺乏B族维生素容易感到疲劳，学习效能自然也会降低。糙米和全谷类就含有丰富的B族维生素，此外，牛奶、瘦肉与深绿色的蔬菜，也是爸爸妈妈可以帮助宝宝补充B族维生素的来源。

牛磺酸：能加速神经元的增生以及延伸，有助于神经信息的传送，为婴儿脑部及眼部发育所必需的氨基酸。成人体内可自行合成牛磺酸，但婴幼儿无法自行合成，只能额外摄取。牛磺酸多存在于母乳当中，若爸爸妈妈想另外从食物中摄取，则可以选择鱼贝类等蛋白质丰富的食材。

铁质：铁质虽不能直接促进脑部发育，但足够的铁质能让红细胞有效运送氧气到脑部，当铁质不足、红细胞短缺时，缺氧的脑部发育时一定会受到影响。最佳的铁质来源是肝泥、蛋黄泥及红肉类。豆类及深色蔬菜则是植物中铁质的最佳来源。

消化顺畅食材

宝宝消化功能较弱，肉类中筋的部位与坚果类就不建议爸爸妈妈们让宝宝食用；天然食物中木瓜及菠萝的酵素能帮助食物软化，其中菠萝的味道较酸，且纤维较粗，对于宝宝来说是较刺激性的食物，不建议过早食用。另外，白萝卜也有类似菠萝的效用。

市售辅食添加原则

市售辅食的种类多样，添加时应如同一般天然辅食的添加原则，一次食用一种食物（如果买的是混合果泥，则也算是一种食物），添加时期也应依照一般辅食添加的原则。

购买时需注意其额外的添加物是否符合国家规定的食品添加物使用范围及用量标准。某些辅食会添加乳铁蛋白及乳酸菌等，乳铁蛋白在母乳中含量高（尤其是初乳），是宝宝免疫力的主要来源之一，但市售乳产品经加热杀菌后乳铁蛋白可能会被破坏，因此仍建议妈妈能以母乳为主，搭配各种天然食材制作辅食，给宝宝更完整的营养。

Q 我家宝宝现在10个月了却还是不吃辅食怎么办？米糊、米粉里头还能添加别的东西增加风味吗？还有什么方法可以让宝宝开始接受辅食呢？

A 宝宝4~6个月大后可考虑添加固体食物维持营养，于喝奶后4小时可给予谷麦等辅食，但在给宝宝尝试其他新的食物前，可先单独少量试用4~5天，等确定宝宝不会过敏后再混入新的食物，逐步并持续增加食物种类，同时也可增加宝宝活动量，如此就能增加宝宝的饥饿感。此时也要记得遵守饮食基本原则，幼童所需的食物营养比例必须完整但不要过量；别忘了，在宝宝尝试辅食的同时，也是让他养成良好饮食习惯的绝佳时机。

Q 我想一次制作分量多一点的辅食并冷冻起来，要吃的时候再拿出来解冻，请问这样会不会影响到食物营养？

A 将食物冷冻之后再解冻，并不会影响到食物的营养，用电饭锅或是微波炉加热均可。目前对于以微波炉加热食物是否会影响到食物营养尚无定论，但微波炉毕竟是非常方便的工具。而在加热过程中容易流失的维生素都可以从新鲜的水果中获得。

　　建议将单项的辅食分开制作，并用制冰盒做成好几个一小格的冰块后，再拿出来放到密闭的保鲜盒中冷冻到冰箱中，这样即使冷冻好几天也不会让食物沾染到冰箱中的其他味道。

10~12个月宝宝辅食

明星食材	对宝宝成长的好处	如何添加	
大米	大米容易消化，含有宝宝成长过程中不可缺少的三大营养素：碳水化合物、蛋白质、脂肪	初期	✘
		中期	✔
		后期	✔
		结束期	✔
面食	面食和米饭一样，容易消化，且含丰富的碳水化合物、蛋白质、脂肪等。有改善贫血、增强免疫力、平衡营养吸收等功效	初期	✘
		中期	✔
		后期	✔
		结束期	✔
土豆	土豆中的植物蛋白最接近动物蛋白。土豆还含有丰富的赖氨酸和色氨酸，这是一般粮食所不可比的。土豆还富含钾、锌、铁等矿物质。有调中和胃、健脾益气的功效。加上煮熟的土豆软、面，很适合宝宝食用	初期	✔
		中期	✔
		后期	✔
		结束期	✔
南瓜	南瓜能健胃整肠，帮助消化，还可健脑益智，提高宝宝身体的免疫力	初期	✔
		中期	✔
		后期	✔
		结束期	✔
胡萝卜	胡萝卜是对人体健康有益的蔬菜，除了含有蛋白质、脂肪、碳水化合物，以及较多的钾、钙、磷、铁等无机盐外，还含有丰富的胡萝卜素。能够促进宝宝骨骼发育，维护宝宝视力	初期	✔
		中期	✔
		后期	✔
		结束期	✔
白菜	白菜营养丰富，微量元素锌含量高于肉类；所含维生素C可增加机体对病毒的抵抗力，可防治牙龈出血、坏血病等；所含纤维素可增强胃肠蠕动，帮助宝宝消化和排泄	初期	✔
		中期	✔
		后期	✔
		结束期	✔
番茄	番茄中所含维生素对于促进骨骼生长、预防佝偻病、防治眼干燥症等均有良好的功效。番茄中含有锰、铜、碘等微量元素，这些物质对宝宝的生长发育特别有益	初期	✔
		中期	✔
		后期	✔
		结束期	✔

明星食材	对宝宝成长的好处	如何添加	
蛋黄	蛋黄营养丰富，含有的卵磷脂对宝宝大脑发育有好处，应从宝宝断奶初期开始从少到多给宝宝添加蛋黄	初期	✕
		中期	✓
		后期	✓
		结束期	✓
猪肉	猪肉中除含有丰富的蛋白质之外，还含有脂肪、碳水化合物、磷、钙、铁、维生素B$_1$、维生素B$_2$等成分。猪肉是肉类中含维生素B$_2$最多的食品。此外，猪肉中还含有人体必需的脂肪酸，还可以提供血红素和促进铁吸收的半胱氨酸	初期	✕
		中期	✓
		后期	✓
		结束期	✓
鱼	鱼肉中能健脑益智的不饱和脂肪酸十分丰富，是宝宝很好的辅食来源	初期	✕
		中期	✓
		后期	✓
		结束期	✓
动物肝脏	动物肝脏中富含蛋白质、卵磷脂和微量元素，有利于宝宝的智力发育和身体发育。还含有丰富的维生素A，有助于幼儿骨骼发育，促进表皮组织修复	初期	✓
		中期	✓
		后期	✓
		结束期	✓
鸡肉	鸡肉比猪肉的纤维短，宝宝较易嚼烂，而且富含蛋白质等营养物质	初期	✕
		中期	✓
		后期	✓
		结束期	✓
橘子	橘子含有丰富的维生素C，有开胃健脾、祛痰化湿的功效，是宝宝爱吃的水果之一	初期	✓
		中期	✓
		后期	✓
		结束期	✓
苹果	苹果富含锌，宝宝常吃苹果可以增强记忆力，提高智力。苹果含有丰富的矿物质和多种维生素，可预防佝偻病。多吃苹果还能补充维生素C，促进铁吸收	初期	✓
		中期	✓
		后期	✓
		结束期	✓
香蕉	香蕉含有大量钾元素，钾对于维持身体的液体平衡、稳定心跳和血压都十分重要。而且香蕉还含有丰富的维生素C和膳食纤维，对宝宝健康成长有益	初期	✓
		中期	✓
		后期	✓
		结束期	✓

蒸布丁

原料 鸡蛋2个(约100克)，牛奶120毫升。

调料 糖、香草粉各少许。

做法

① 鸡蛋取蛋黄，加少许糖，用打蛋器轻轻搅匀。

② 蛋液中加入牛奶、香草粉拌匀，轻轻倒入模型中。

③ 蒸锅倒水煮沸，把布丁一个一个排入，微火蒸40分钟即可。

做法支招：打蛋黄时不要打出气泡，否则布丁蒸好了就会有小洞。

补铁

蒸布丁口感绵密，发出淡淡香草蛋奶香味，能促进宝宝食欲，并且容易吞咽消化

芋香西米露

原料 芋头50克，西米10克。

做法

① 芋头去皮切丁，加水煮熟软。

② 西米入滚水中煮约6分钟，捞出放入煮好的芋头中即可。

营养小典：芋头中富含多种营养，对宝宝的免疫功能和健康都有极大帮助。其中所含的矿物质氟的含量高，具有洁齿防龋的作用。

提高免疫力

浓香玉米汁

原料 生甜玉米粒50克，牛奶100毫升。

做法

① 生甜玉米粒洗净，入锅焯烫片刻，捞出放凉。

② 按照3汤匙玉米粒＋4汤匙水的比例，放入榨汁机榨成汁。

③ 将玉米汁倒入锅中，加入牛奶，煮沸片刻即可。

营养小典：润肠通便，补钙壮骨。

补充维生素

牛奶绿豆沙

原料 绿豆30克，牛奶150毫升。

做法

① 绿豆淘洗干净，入锅蒸熟，去皮凉温。

② 将熟绿豆仁与牛奶一起放入果汁机中打匀，即成绿豆沙牛奶。

营养小典：绿豆具有增进食欲与消暑利尿的效果，富含B族维生素，含有消暑的重要成分，能够补充宝宝流汗的营养损失。

绿豆薏仁粥

原料 绿豆、薏仁各30克。

调料 糖少许。

做法

① 绿豆和薏仁均洗净，清水浸泡2小时。

② 锅中倒水烧沸，放入绿豆、薏仁煮至熟烂，加少许糖调味即可。

营养小典：绿豆和薏仁等谷物除了可以提供热量，更富含膳食纤维和B族维生素，对于宝宝来说是非常棒的营养来源。

增强食欲

补充维生素

牛奶红薯糙米粥

原料 红薯、糙米各50克，牛奶100毫升。

做法

① 红薯清洗干净，去皮，切成小块；糙米淘洗干净，用冷水浸泡30分钟，沥干。

② 将红薯块和糙米一同放入锅内，加入冷水，大火煮开，转小火慢慢熬至粥稠米软，加入牛奶，再煮沸即可。

营养小典：促消化，防便秘。

促进骨骼生长

鸡肉香菇粥

原料 米饭40克，鸡肉30克，鲜香菇、小白菜各10克。

调料 鸡汤100毫升。

做法

① 将香菇洗净，入锅煮熟，切碎；将小白菜洗净，入锅汆烫后捞出，切碎。

② 将鸡肉去皮洗净，入锅煮熟，切丁。

③ 锅中倒油烧热，放入鸡丁炒熟，放入香菇拌炒片刻。

④ 将米饭放入鸡汤锅中煮成粥，加入小白菜、炒熟的鸡丁和香菇，熬煮5分钟即可。

营养小典：增强抵抗力，促进生长。

补充蛋白质、维生素

山药胡萝卜粥

原料 山药30克，胡萝卜、大米各20克。

做法

① 山药、胡萝卜均削皮洗净，切成小碎丁。

② 大米入锅，加2杯水煮滚，加入山药及胡萝卜一起煮开，转小火续煮约15分钟即成。

做法支招： 也可加入宝宝爱吃的其他食材。

健脾胃

山药可促进肠胃蠕动，有利于宝宝的脾胃消化吸收，还具有抗菌、增强免疫力的功能。营养价值高的山药，能补充宝宝所需的营养素，为宝宝的健康打好基础

猪肝粥

原料 粥100克，猪肝30克，菠菜叶30克。

做法

① 菠菜叶洗净，入热水锅烫软，捞起沥干水分，切成小段。

② 猪肝洗净，入锅煮熟，捞出切成碎丁。

③ 将猪肝放入煮好的粥中，再煮10分钟，加入菠菜段拌匀即可。

营养小典：猪肝富含丰富的铁质，可以帮助制造宝宝所需的红细胞，是造血不可缺少的原料。猪肝还含有微量元素硒，能增强人体的免疫力。

补铁补血

玉米滑蛋

原料 鸡蛋1个（约50克），玉米粒10克。

调料 淀粉少许，植物油适量。

做法

① 鸡蛋取蛋黄，倒入碗中打成蛋液，加入少许淀粉拌匀；玉米粒切成末。

② 锅中倒油烧热，炒香玉米末，加入蛋液拌炒均匀即可。

营养小典：玉米中所含的胡萝卜素、玉米黄质为脂溶性维生素，加油烹煮帮助吸收，更能发挥其健康效果。但玉米易受潮发霉产生黄曲霉毒素，因此保存时应置于阴凉干燥处。

补充维生素

鸡肉香菇蛋卷

原料 鸡蛋1个(约50克)，鸡胸肉、水发香菇各30克。

做法

① 鸡蛋磕入碗中打匀，下锅摊成薄薄的蛋皮；鸡胸肉洗净，入锅煮熟，捞出凉凉，剁碎；水发香菇洗净，切碎。

② 把蛋皮切成5厘米宽长条，将鸡肉末、香菇末放在条状蛋皮上。

③ 将蛋皮卷成蛋卷，放入盘内，再沸水蒸5分钟即可。

营养小典：健脑益智，提高抵抗力。

壮骨健脑

海苔鸡蛋羹

原料 鸡蛋2个(约100克)，海苔少许。

做法

① 鸡蛋取蛋黄，倒入碗中打散，加入等量温水搅匀，放入剪碎的海苔。

② 将鸡蛋羹加盖或者用保鲜膜覆盖，放入上汽的蒸锅中，中火蒸10分钟左右至凝固即可。

营养小典：促进大脑发育，益智健脑。

健脑益智

金枪鱼土豆饼

原料 土豆50克，面粉适量，鸡蛋1个(约50克)，金枪鱼肉20克。

调料 植物油少许。

做法

① 土豆去皮洗净，入锅蒸熟，取出捣成泥状；金枪鱼肉洗净，蒸熟后取出。

② 鸡蛋取蛋黄，与面粉一同倒入土豆泥中拌匀。

③ 平底锅刷少许植物油，用汤匙舀取土豆泥，放入锅中，两面煎熟后盛出，加上金枪鱼一同给宝宝食用即可。

营养小典：土豆是低热量、低脂肪食物，又因富含纤维素，食后易产生饱胀感，可满足人体所需的营养。金枪鱼富含优良的蛋白质，相较于畜肉，脂肪含量较少，热量也较低。

促进大脑发育

玉米菜花

原料 玉米粒15克，菜花30克，牛奶30毫升。

做法

① 菜花洗净，分成小朵，入沸水锅氽烫后捞出，切成小块。

② 另锅倒入牛奶，放入菜花、玉米粒，煮至菜花熟烂即可。

做法支招：菜花要切成适合宝宝入口的小块，宝宝吃起来才方便。

增强免疫力

肉末豆花

原料 豆花50克，肉末、小白菜各20克。

做法

① 小白菜洗净切丝；豆花放入沸水蒸锅蒸5分钟。

② 锅中倒水烧沸，放入肉末、小白菜煮熟，放入豆花煮5分钟即可。

做法支招：如家中没有豆花，也可以用嫩豆腐代替。

补 钙

Part3

完全断奶，让宝宝习惯一日三餐

重视餐桌教养，养出好宝宝

吃饭，是每天最平凡却也最重要的事，宝宝花多少时间吃饭、怎么吃饭都是一门大学问。你会发现，丰盛又可口的一餐，是宝宝成长的关键。

食育重要性，不可小觑

养育宝宝的过程中，确保宝宝的身体好是最重要的。宝宝的身体好，他的品德和智力才能得到更完善的提升。"教育之道"其实并不复杂，说白了就是"喂养之道"，说好听一点也就是"食育之道"。所谓食育有道、食育有术，宝宝的身心在好食育的培养之下才能得到有序及完美的成长。

自在的用餐气氛

你们家的餐桌气氛是怎么样的呢？最好的餐桌气氛，应是由舒适和自在搭配而成，宝宝想吃多少，自己说了算。当宝宝不再必须快点完结眼前不适量的饭菜时，他就不会有任务感，反倒能品尝出食物本身的味道。妈妈可以在用餐中向宝宝说明食物的来源及相关知识，但要注意，不要让宝宝的情绪太兴奋。孔子说"食不言"，理解成宝宝的餐桌教养就是过多的交流会影响宝宝对食物的注意力。加上夫妻双方对于公事的交流可能多是负面情绪，若持续与另一半在餐桌上谈论，将非常影响全家用餐时的感受。

不奉承宝宝的饮食

在餐桌上最常听见的，就是对宝宝好好吃完饭的夸奖："哇，你今天吃第一名，真棒！"营养专家认为，这样的夸奖其实并不适当，宝宝为了得到夸奖，吃得又多又快，胃撑大了，也尝不出食物的美味，以后吃得越来越多，难免会长成小胖子。另外，吃得过多的另一个极端，是会把脾胃吃坏，反而变得更瘦。宝宝吃得多一点、少一点都是正常的，身体天生就会让宝宝知道应该吃多少，而且少吃一餐也不致病，现在的宝宝大都不缺乏营养，如果他认为吃饱了，就让他下桌吧！

帮最辛苦的人夹菜

吃饭时，也可以潜移默化地给宝宝灌输"体贴"的概念。有好吃的，主动分给最辛苦的人，以表示自己对他的爱意，比如爸爸妈妈帮彼此夹菜，以表示爱意。宝宝从小耳濡目染，也会学着把父母喜欢吃的菜夹给他们，大人对宝宝也应回报以同样的动作。用食物表达爱心和爱意，这样的宝宝容易关注到别人的需求，长大后在群体中也会受到欢迎。想更远一点，原生家庭中餐桌生活的潜移默化下，等到宝宝成立了另一个家庭，相信也会这样体贴别人呢。

餐桌上的规矩不可少

培养态度之外，餐桌上的规矩是少不了的，宝宝吃多少、怎么吃、何时吃都应该有一套规范，但主要以宝宝的需求为主，父母尽力配合。

宝宝自己来

宝宝会知道自己的胃需要多少食物，也会希望由自己动手，并认识新世界。抓握食物，努力将食物送进嘴里，这种精细的动作比从前仅仅能抓握住玩具又进了一大步，也是一种要求独立的最初方式。因而，当宝宝要求自己吃饭时，妈妈应该把小汤匙交到宝宝手里，任他吃得乱七八糟，而不是喂他吃。就算宝宝吃得小脸蛋上到处都是食物也不要紧，给他独立的体验才是最重要的。

吃多少，何时吃，自己决定

很多人应该无法想象，宝宝可以决定自己要"吃多少"及"何时吃"，其实，让宝宝自己决定吃多少、何时吃，不会让他撑坏了胃。因为中断游戏或是太饿使宝宝狼吞虎咽，对胃的伤害其实更不利于宝宝成长。

每天吃饭的时间，妈妈可以依照宝宝的活动有所改变，在吃饭前也可以先告知宝宝时间规划。通过观察，妈妈会知道宝宝比较喜欢的食物，所以宝宝的权力是决定自己要吃多少，另外想吃的提出来，妈妈下一餐会做给他吃。为了防止浪费，吃饭时妈妈会牵着宝宝的小手，让他决定盛多少，并凭妈妈的直觉盛比宝宝想要的再少一点点，这样宝宝就不会剩到碗里了。宝宝当然会闹脾气、不想吃的时候，干脆别给宝宝吃，饿一餐也没什么的。

❀❀❀ 营养师小叮咛 ❀❀❀

是爱他，还是培养他的自私？

由于爱孩子，家长很习惯把所有好的东西都留给孩子，这也造就了孩子非常习惯将好东西先拿走，不与别人分享的习惯。比如把认为最好吃的食物一股脑儿地摆到孩子面前，让其享受……当家长的关注点都在孩子身上，忽略了自身，不知不觉之中，孩子也养成了以自己为中心的思维方式，变得自私自我，完全不考虑他人。

9原则
搞定宝宝喂食问题

不吃、挑食、吃太少、吃太慢……大约有20%的父母会抱怨自己的宝宝吃得不好或喂食有困难，包括挑食、吃得太少、吃得慢、只喝牛奶、只喜欢吃"垃圾食物"等。这些父母通常会寻求各种改善方法，其中可能包括逼食，但结果往往不如预期，有时反而造成亲子之间紧张的关系。那么到底该怎么办呢？坚持以下9原则，帮你搞定宝宝的喂食困扰！

1 保持适当的用餐规定

父母决定地点、时间、宝宝吃什么，但吃多少由宝宝决定。

2 避免分心

喂食时，让宝宝远离噪声和干扰。

喂食时，让宝宝坐在专用餐椅上。

儿童餐椅应在餐桌旁，鼓励宝宝在用餐的时间坐在那里吃饭。

家长可以提供玩具让宝宝安静坐下，但一旦开始进食，玩具应被拿走。

3 促进食欲的喂食方法

两餐之间的间隔允许3~4小时。

避免提供像果汁、牛奶等的点心，渴的时候只提供水。

对于幼儿而言，进食的时间应配合家长吃饭的作息；典型的喂食频率是三餐加下午点心。

4 保持中立态度

不要强迫或惩罚性地喂宝宝。

不要以谈条件或恳求的方式让宝宝吃东西。

5 时间限制

当用餐时间开始时，应该在15分钟内开始进食。

用餐时间不超过30分钟。

用餐时每次以少分量，重复给予。

6 提供适合年龄的食品

配合孩子的口腔动作发展来提供适合的食品，例如，牙齿的发育不完整时就不该提供坚硬的食物，对幼儿也不该给予大块食物。

7 逐步地提供新的食物

尊重宝宝有对新食物害怕的倾向。在放弃前，至少尝试10~15次。

当宝宝吃了新食物，对于幼童可用赞美作为奖励，对于较大孩子可以一个小玩具或贴纸作为奖励。

不要将食物作为奖励良好行为的奖品。

8 鼓励自我进食

宝宝应该有自己的汤匙和儿童餐具。

9 容忍宝宝自己进食中可能造成的混乱和污秽

使用有沟槽的围兜来接住进食时掉下来的食物，或在高脚椅下铺上报纸。

不要在宝宝每吃一口后，就用餐巾帮他擦嘴，以免打断用餐情绪。

小心身边的隐形杀手塑化剂

　　塑化剂的新闻时有报道，很多家长都很担心：塑化剂到底为何物，有什么危害，该如何预防？在这个谈"塑"色变的时代，究竟怎样才能有效预防塑化剂带来的危害？下边的内容为您一一解答。

塑化剂的由来

　　塑化剂通常使用在塑料工业中，其种类非常多，其中DEHP是塑料制品中常用的一种塑化剂。它无色无味，常被运用在化妆品与玩具的原料中。关于塑化剂的新闻报道是因为不法厂商将塑化剂添加在食物与饮料中，导致部分商品被检测出含有DEHP。塑化剂其实是一种环境激素，它在环境中不易被分解，当进入人体时，会干扰我们本身的激素分泌，进而影响生理状况甚至是健康。

塑化剂对人体的影响

　　塑化剂类似女性激素，对小女孩会造成性早熟与月事提早来潮，甚至提高乳癌发生的概率。

　　塑化剂也会抑制甲状腺分泌，对脑部发展也可能造成影响，但仍需进一步研究。

　　对肝脏与肾脏可能也会造成伤害。

　　抑制男性激素，造成精子数目稀少、活动力下降，精子质量不佳，容易造成不孕。

　　小男孩的青春期延迟，出现女性化特征。

　　孕妇如果吸收到塑化剂，恐使男婴生殖器变成畸形（如尿道下裂）、患有隐睾症、肛门与生殖器距离缩短。

❧ 营养师小叮咛 ❧

用环保杯泡茶或以PC材质奶瓶喂奶，STOP！

　　塑料容器分为7类：1号是PET宝特瓶，2号是HDPE高密度聚乙烯，3号是PVC聚氯乙烯，4号是LDPE低密度聚乙烯，5号是PP聚丙烯，6号是PS聚丙乙烯，7号则为其他塑料材质。前6号都含有塑化剂（但在室温下塑化剂溶出值仍在法定标准内）；7号虽无塑化剂，但内含双酚A，严重可能造成不孕，故所有塑料容器可能都不适合拿来填装热饮，也不适合拿来泡茶。

塑化剂，"住"在我们日常生活里

我们日常使用的塑料制品、塑料袋、塑料容器（包括环保杯）与保鲜膜都含有塑化剂。日用品、容器，甚至是部分医疗器具都含有这种添加物，可见，在日常生活中，无论是食、衣、住、行，塑化剂都无所不在。

除了塑料材质制品以外，还有一种东西也会加入塑化剂，就是定香剂。定香剂的功能是使物品长久芳香，被使用于部分化妆品、香水、保养品、清洁沐浴用品、妊娠霜中，指甲油、精油与空气芳香剂也可能含有塑化剂。并不是所有芳香的物品都有添加定香剂，但如果是价格较便宜且持久芳香，就有添加定香剂的可能。至于香味较不持久的东西，就比较没有添加定香剂的疑虑。

纸制餐具就是安心保证吗

不要以为不使用塑料餐具，使用纸制餐具就没有塑化剂。许多纸制餐具都会再涂上一层塑料膜，如纸盘、纸杯等，所以即使避开使用塑料袋盛装热食，使用纸制餐具结果也是一样的。因此上班族购买盒饭后，无论包装盒是纸制或塑料制，如无法回家以瓷盘加热，只能再加温，需将微波时间减半，以减少塑化剂的暴露。

如何防范塑化剂侵袭

塑化剂中分子较大的一类，常被使用在塑料工业中，如塑料容器等，使用这些容器时不可微波加热。相较于使用纸盘、塑料盘来装盛食物，使用一般瓷盘较为安全。如要加热则建议使用不锈钢容器。至于分子较小的另一类塑化剂，则常被使用于定香剂中。平常应尽量减少使用不确定来源、香味重、持续时效长久的物品，如来历不明的化妆品、香水、精油、清洁用品等。

塑化剂被摄入体内主要的途径仍是透过饮食，所以注意饮食是最重要的。在饮食方面，宜减少加工食物摄取，多吃天然食品，如大豆类，包括黄豆、毛豆都是优质的豆类。对小女孩而言，多吃大豆类制品可以帮助身体抗衡性早熟。也因塑化剂为脂溶性，易累积在油脂及内脏中，所以最好少吃高油脂食物，如动物脂肪与内脏；要多喝白开水，新鲜蔬果不可少；吃饭前则需勤以肥皂洗手，可以避免将手上沾到周遭隐藏的塑化剂吃到肚子里面去。了解了整个塑化剂的来龙去脉，相信各位妈妈现在对于防范塑毒也更加胸有成竹了。

酸奶布丁

原料 原味酸奶50毫升，牛奶100毫升，琼脂1克。

调料 果糖5克。

做法

① 琼脂用1小匙水先调开。

② 牛奶中加入调开的琼脂拌匀，入锅小火煮沸，煮时要不停搅拌。

③ 熄火后，倒入原味酸奶、果糖拌匀，再倒入模型中，放入冰箱冷藏即可。

促进大脑发育

酸奶布丁制作简单又营养，里头的乳酸菌能使肠胃中的益菌增加，赶走宝宝肠胃中的坏菌，并且有丰富的钙质，宝宝易吸收，好处多多

红薯绿豆汤

原料 红薯30克，绿豆、薏仁各10克。

调料 糖5克。

做法

① 红薯去皮，切小块。

② 绿豆、薏仁洗净，用清水浸泡2小时，入锅加适量水与红薯一同煮熟，调入糖煮溶即可。

营养小典：薏仁主要成分为蛋白质、维生素B_1、维生素B_2，营养价值颇高。红薯是一种碱性食品，含高纤维素，除可以滑肠通便外，还可中和人体内所累积过多的酸。绿豆口感香甜可口，入口即化，非常适合给尚未有良好咀嚼能力的宝宝食用。

增强体质

红豆鲜奶豆花

原料 牛奶120毫升，豆花60克，煮熟红豆泥适量。

做法

① 豆花用沸水烫片刻，捞出沥水。

② 将红豆泥、豆花、牛奶一起倒入碗中，喂食宝宝即可。

营养小典：豆花的主要成分是黄豆，其脂肪酸一半以上是亚油酸，这是维持正常生理活动必需的营养成分之一，但人体不能自行制造，只能从食物中摄取。因此，宝宝经常食用黄豆制品，可吸收足够的亚油酸，有百益而无一害。豆腐作坊即有豆花销售，豆制品不易保存，家长一定要购买新鲜的。

补铁补钙

水果布丁

原料 牛奶150毫升,琼脂适量,猕猴桃、西瓜、菠萝各30克。

做法

① 琼脂放在20毫升水中搅匀,隔水蒸化。

② 将琼脂汁加入牛奶搅匀,加进切丁的水果,倒入模型中,故入冰箱冷藏即可。

营养小典:香甜布丁,加入夏天时令水果猕猴桃、西瓜、菠萝,香香甜甜的滋味,让宝宝一口接一口,尤其猕猴桃富含维生素C、膳食纤维及单糖,不仅能增强宝宝抵抗力,还能帮助宝宝肠胃健康,避免便秘问题。

红豆奶糊

原料 红豆适量,椰子粉、牛奶、冰糖各少许。

做法

① 红豆洗净,用清水浸泡20分钟,入锅煮至红豆熟烂。

② 将椰子粉倒入锅中,微火炒至微黄。

③ 将椰子粉、冰糖一同放在焖软的红豆中,与温热的牛奶搅拌均匀即可。

营养小典:红豆营养丰富而且铁质含量高,是一道适合宝宝夏天食用的甜汤,如果天气太热,可以加入少许冰块,会更爽口。

增强免疫力

补铁补钙

蔬菜烘蛋

原料 鸡蛋1个(约50克)，甜椒、玉米粒、菠菜各10克。

调料 盐少许，油适量。

做法

① 甜椒、菠菜均洗净，用沸水焯烫后切成末。

② 鸡蛋磕入碗中打散，加入甜椒、菠菜、玉米粒、盐拌匀。

③ 锅中倒油烧热，倒入蛋液煎至定型，翻面煎熟即可。

营养小典：鸡蛋包括蛋白质、铁质与维生素B_{12}，是均衡营养的食物来源。其中鸡蛋的蛋白质对肝脏组织损伤有修复作用，蛋黄的卵磷脂可促进肝细胞的再生，提高宝宝的血浆蛋白量，增强代谢功能和免疫功能。

促进手眼协调

日式煎蛋卷

原料 胡萝卜30克，鸡肉40克，菠菜20克，鸡蛋2个(约100克)。

调料 盐、油各适量。

做法

① 将胡萝卜、菠菜和鸡肉洗净剁碎，在热水中烫熟。

② 打入鸡蛋拌匀。

③ 倒入热油锅中，用小火煎至半熟，然后卷起，继续煎熟即可。

营养小典：胡萝卜所含的维生素A是骨骼正常生长发育的必需物质，有助于细胞增殖与生长，是机体生长的要素，对促进婴幼儿的生长发育具有重要意义。

促进生长

什锦炒饭

原料 米饭、糙米饭各适量，肉丝、虾仁、熟毛豆、玉米粒各10克，鸡蛋1个(约50克)。

调料 植物油1小匙,水淀粉、精盐、酱油各少许。

做法

① 虾仁去除虾线，洗净，抹少许精盐，裹上一层水淀粉拌匀；鸡蛋打散成蛋液。

② 锅中倒油烧热，放入鸡蛋液炒至略熟，加入肉丝、虾仁，炒至八成熟，放入米饭、糙米饭，将饭炒松，加入玉米粒、熟毛豆、酱油，拌炒均匀即可。

营养小典：妈妈可以为宝宝准备水饺、丝瓜蛤蛎汤、莲子木耳汤、炒饭，或是深绿色蔬菜如苋菜、西蓝花、空心菜等，都含有对宝宝成长有帮助的丰富营养。

补充营养

莲子银耳汤

原料 莲子10颗，干银耳3朵。

调料 白糖3克。

做法

① 莲子洗净，浸泡30分钟；干银耳用水泡发，洗净。

② 将莲子、银耳同放入电饭锅加水煮烂，加白糖调味即可。

营养小典：1岁以上的宝宝饮食已经接近成人，要让宝宝开始习惯家常食物，这时候妈妈要注意各种营养素的摄取，别让宝宝偏食、口味吃太重，并养成三餐定时的好习惯。需要注意，乳酸菌饮料和蜂蜜要等到宝宝1岁后才能吃。

健脑益智

水果杏仁豆腐

原料 菠萝、猕猴桃各20克，牛奶100毫升，杏仁露10毫升，琼脂1克。

调料 糖少许。

做法

① 琼脂加1/4杯水搅拌溶化，入锅煮沸后熄火，加入牛奶、杏仁露、糖拌匀，倒在一平盘上待凝固。

② 菠萝、猕猴桃均去皮洗净，切丁。

③ 凝固的杏仁豆腐切方形小块，加入水果丁拌匀即可食用。

补充蛋白质

杏仁富含维生素E，是宝宝心脏的"护卫者"，也是补充钙质的极佳来源。杏仁内含油脂，对润肠通便也有很好的功效

鲑鱼豆腐汤

原料 豆腐、鲑鱼各50克，高汤适量。

调料 葱花适量，盐少许。

做法

① 鲑鱼、豆腐均洗净，切小块。

② 锅中倒入高汤煮沸，放入豆腐煮滚，加入鲑鱼块煮至鱼肉熟，加盐调味，出锅撒葱花即可。

做法支招：也可用其他刺较少的鱼类原料。

健脑益智

奶油烤鳕鱼

原料 鳕鱼100克，胡萝卜、洋葱各10克。

调料 无盐奶油、盐各少许。

做法

① 鳕鱼洗净，用吸油纸吸干水分，放置在烤盘上。

② 洋葱、胡萝卜均洗净沥干，切末。

③ 将洋葱、胡萝卜混合拌匀，与调料一起铺在鳕鱼身上，再放入已预热的烤箱中，烤约15分钟即可。

营养小典：健脑益智，促进生长发育。

增高

菠萝炒虾仁

原料 虾仁3个，菠萝20克，甜椒10克。

调料 香油适量，盐、糖、蒜片各少许。

做法

① 虾仁去除虾线，洗净沥干；甜椒切成与虾仁一样大小，两者一起放入沸水锅快速氽烫后捞起。

② 菠萝切小片。

③ 锅中倒入香油烧热，放入蒜片爆香，加入虾仁、菠萝、甜椒翻炒均匀，调入盐、糖，炒匀即可。

营养小典：开胃健脾，增强食欲。

补脑益智

番茄羊肉炖饭

原料 菠菜叶、番茄各15克，羊肉馅30克，米饭80克。

做法

① 菠菜叶洗净，入锅氽烫后捞出，切成末；番茄洗净去皮，切小块。

② 将米饭放入炖锅中，加1碗水，放入羊肉馅、番茄煮烂，加入菠菜末拌匀，盛出即可。

营养小典：羊肉含有蛋白质、脂肪、糖类、维生素A_1、维生素B_1、维生素B_2、烟酸和钙、磷、铁等营养素。羊肉虽然好吃，但也不是百无禁忌，凡有上呼吸道感染，如感冒、扁桃腺发炎或内有宿热者忌食。

促进生长

三色元宝

原料 三色水饺皮3张，豆干25克，西葫芦80克，虾皮适量。

调料 盐少许，油5克。

做法

① 豆干切成丝；西葫芦去皮刨成丝。

② 炒锅点火，倒油烧热，放入虾皮炒香，再加入豆干翻炒片刻，放入西葫芦炒匀，加盐调味后盛出。

③ 水饺皮包入炒好的馅料，放入沸水锅煮至浮起即可。

做法支招：三色水饺皮分别是普通饺子皮和用胡萝卜汁、菠菜汁和面擀出的饺子皮。用三色水饺皮包饺子，一是可以给宝宝增加营养，二是可以增强宝宝对食物的兴趣，提高宝宝的食欲。

增强食欲

翡翠炒饭

原料 菠菜30克，米饭100克，鸡蛋1个，火腿丁10克。

调料 盐1克，油5克。

做法

① 菠菜洗净，用沸水烫熟，捞出漂凉，挤干水分，切成细末；鸡蛋磕入碗中打散，用一半。

② 锅中倒油烧热，倒入蛋液炒至凝固，放入火腿炒匀，加入米饭、盐、菠菜翻炒均匀即可。

营养小典：《本草纲目》记载，菠菜可以通血脉，润气止渴，欧洲人称之为"蔬菜之王"。菠菜中含有大量的β-胡萝卜素和铁，也是维生素B_6、叶酸和钾的极佳来源，其中丰富的铁对缺铁性贫血有改善作用，能让人面色红润。

补 铁

胡萝卜饭

原料 胡萝卜、大米各50克。

调料 橄榄油、盐各适量。

做法

① 大米淘洗干净，用清水浸泡30分钟；胡萝卜去皮洗净，用磨泥器磨成细泥。

② 将胡萝卜泥及所有调料加入米中，搅拌均匀，放入电饭锅中煮熟即可。

营养小典：胡萝卜富含的胡萝卜素，在宝宝体内转化成维生素A，能强化骨骼牙齿，充足血液组织，抵抗呼吸感染，提升免疫系统，维持良好视力，促进眼睛健康明亮。

补维生素A

金枪鱼蛋卷饭

原料 米饭50克，金枪鱼肉30克，洋葱、西蓝花、胡萝卜各10克，鸡蛋1个(约50克)，牛奶适量。

调料 盐、油各少许。

做法

① 金枪鱼肉洗净，煮熟后切碎；胡萝卜、洋葱均去皮洗净，切碎；西蓝花洗净切块，入锅氽烫后剁碎；鸡蛋磕入碗中打散，加入牛奶搅匀。

② 锅中倒油烧热，放入金枪鱼肉和各种蔬菜炒熟，加入米饭炒匀，放入少许盐调味。

③ 平底锅倒油烧热，放入鸡蛋液煎成蛋皮，取出，放入做法②的炒饭摊平，卷起蛋皮，切段即可。

健脑益智

鳕鱼红薯饭

原料 红薯30克，鳕鱼肉50克，白米饭适量，蔬菜少许。

做法

① 将红薯去皮，切块，浸水后用保鲜膜包起来，放入微波炉中，加热约1分钟。

② 蔬菜洗净，切碎；鳕鱼肉用热水汆烫。

③ 锅置火上，放入白米饭，加入清水和红薯、鳕鱼肉以及蔬菜，一起煮熟即可。

营养小典：红薯含有大量黏液蛋白，能够防止肝脏和肾脏结缔组织萎缩，提高机体免疫力，预防胶原病发生。

提高智力

玉米烤饭

原料 米饭80克，芝麻2克，青椒、玉米、番茄各10克，奶酪少许。

调料 食用油5克。

做法

① 将米饭与芝麻拌匀，分成2个小饭团，压平；奶酪擦成细丝。

② 青椒、番茄均洗净，用沸水焯烫后捞出，切成末。

③ 平底锅抹匀油，放入饭团略煎后盛出，再放入青椒、番茄、玉米翻炒片刻，盛出撒在饭团上，放上奶酪丝即可。

营养小典：增强体力，促进生长发育。

补充多种营养

宝宝小饭团

原料 大米50克，胡萝卜、彩椒各10克。

调料 高汤适量，盐、香油各少许。

做法

① 大米淘洗干净，倒入高汤，加适量水用电饭锅蒸熟；胡萝卜、彩椒均洗净，切成小片。

② 蒸熟的米饭放凉，加少许香油、盐拌匀，做成丸子形，用胡萝卜、彩椒摆饰做成耳朵、鼻子、嘴巴，变成可爱的小老鼠饭团。

营养小典：主食类是增加热量最健康的方法，将高汤的精华与米饭结合，将米饭做造型的变化，以增加对宝宝的吸引力，让宝宝更爱吃。

增强食欲

香蕉蛋糕

原料 面粉100克，鸡蛋1个(约50克)，奶油适量，香蕉40克。

做法

① 将面粉、蛋液与奶油混合均匀，加入切丁的香蕉。

② 将拌好的蛋糕坯放入烤箱中，以180℃上下火烤5~6分钟即可。

营养小典：香蕉含有丰富的碳水化合物、蛋白质，还有丰富的钾、钙、磷、铁及维生素A、维生素B₁和维生素C等，具有润肠通便的作用，对便秘的宝宝有辅助治疗作用。

润肠通便

果酱薄饼

原料 面粉60克，鸡蛋2个(约100克)，牛奶150毫升，肥肉50克。

调料 黄油15克，果酱适量。

做法

① 将面粉放入碗中，磕入鸡蛋，用竹筷搅拌均匀，再加上化开的黄油、牛奶搅匀，约20分钟成面糊。

② 锅置火上，用肥肉把锅四周抹一下，倒入一汤勺面糊烙成薄饼。

③ 在薄饼上放一点果酱，卷起切段即可。

营养小典：补充维生素与矿物质。

增强体质

奶油造型小饼干

原料 鸡蛋30克(约1/2个)，低筋面粉140克。

调料 无盐奶油30克，糖粉10克。

做法

① 烤箱预热温度至170℃，奶油在室温放软。

② 奶油和糖粉用打蛋器打至泛白呈蓬松羽毛状后，倒入蛋汁快速搅拌呈乳霜状。

③ 将过筛的低筋面粉加入，用橡皮刮刀翻拌均匀成面团。

④ 将面团用擀面杖擀成3厘米厚，用模型压出可爱的图案。

⑤ 送进烤箱烘焙18分钟即可。

做法支招：撒一些面粉在饼干模型上，方便脱模。建议以形状大小类似的模型一起烘焙较易控制时间。

增强食欲